Diospyros

"十三五"国家重点图书出版规划项目

"中国果树地方品种图志"丛书

中国柿
地方品种图志

曹尚银　房经贵　谢深喜　王　晨　等　著

中国林业出版社

"十三五"国家重点图书出版规划项目
"中国果树地方品种图志"丛书

Diospyros

中国柿
地方品种图志

图书在版编目（CIP）数据

中国柿地方品种图志 / 曹尚银等著.—北京：中国林业出版
社, 2017.12
（中国果树地方品种图志丛书）

ISBN 978-7-5038-9394-0

Ⅰ.①中… Ⅱ.①曹… Ⅲ.①柿—品种志—中国—图
集 Ⅳ.①S665.202.92-64

中国版本图书馆CIP数据核字(2017)第302730号

责任编辑： 何增明　张　华
出版发行： 中国林业出版社（100009 北京市西城区刘海胡同7号）
电　　话： 010-83143517
印　　刷： 固安县京平诚乾印刷有限公司
版　　次： 2018年1月第1版
印　　次： 2018年1月第1次印刷
开　　本： 889mm×1194mm　1/16
印　　张： 18
字　　数： 560千字
定　　价： 268.00元

《中国柿地方品种图志》
著者名单

主著者： 曹尚银　房经贵　谢深喜　王　晨

副主著者： 贾海锋　李天忠　王爱德　张　川　尹燕雷　李晓鹏　罗正荣　李好先　纠松涛
上官凌飞

著　者（以姓氏笔画为序）

卜海东	于　杰	于丽艳	于海忠	上官凌飞	马小川	马和平	马学文	马贯羊	马彩云
王　企	王　晨	王文战	王圣元	王亚芝	王亦学	王春梅	王胜男	王振亮	王爱德
王斯妤	牛　娟	尹燕雷	邓　舒	卢明艳	卢晓鹏	冯立娟	兰彦平	纠松涛	曲　艺
曲雪艳	朱　博	朱　壹	朱旭东	刘　丽	刘　恋	刘　猛	刘少华	刘贝贝	刘伟婷
刘众杰	刘国成	刘佳梦	刘春生	刘科鹏	刘雪林	次仁朗杰	汤佳乐	孙　乾	孙其宝
纪迎琳	严　萧	李　锋	李天忠	李永清	李好先	李红莲	李贤良	李泽航	李帮明
李晓鹏	李章云	李馨玥	杨选文	杨雪梅	肖　蓉	吴　寒	吴传宝	邹梁峰	冷翔鹏
宋宏伟	张　川	张　懿	张久红	张子木	张文标	张伟兰	张全军	张冰冰	张克坤
张利超	张青林	张建华	张春芬	张俊畅	张艳波	张晓慧	张富红	张靖国	陈　璐
陈利娜	陈英照	陈佳琪	陈楚佳	苑兆和	范宏伟	罗正荣	罗东红	罗昌国	岳鹏涛
周　威	周厚成	郑　婷	郎彬彬	房经贵	孟玉平	赵弟广	赵艳莉	赵晨辉	郝　理
郝兆祥	胡清波	钟　敏	钟必凤	侯丽媛	俞飞飞	姜志强	姜春芽	骆　翔	秦　栋
秦英石	袁　晖	袁平丽	袁红霞	聂　琼	聂园军	贾海锋	夏小丛	夏鹏云	倪　勇
徐小彪	徐世彦	徐雅秀	高　洁	郭　磊	郭会芳	郭俊英	郭俊杰	唐超兰	涂贵庆
陶俊杰	黄　清	黄春辉	黄晓娇	黄燕辉	曹　达	曹尚银	曹秋芬	戚建锋	康林峰
梁　建	梁英海	葛翠莲	董文轩	董艳辉	敬　丹	韩伟亚	谢　敏	谢恩忠	谢深喜
廖　娇	廖光联	谭冬梅	熊　江	潘　斌	薛　辉	薛华柏	薛茂盛	霍俊伟	

总序一

Foreword One

　　果树是世界农产品三大支柱产业之一，其种质资源是进行新品种培育和基础理论研究的重要源头。果树的地方品种（农家品种）是在特定地区经过长期栽培和自然选择形成的，对所在地区的气候和生产条件具有较强的适应性，常存在特殊优异的性状基因，是果树种质资源的重要组成部分。

　　我国是世界上最为重要的果树起源中心之一，世界各国广泛栽培的梨、桃、核桃、枣、柿、猕猴桃、杏、板栗等落叶果树树种多源于我国。长期以来，人们习惯选择优异资源栽植于房前屋后，并世代相传，驯化产生了大量适应性强、类型丰富的地方特色品种。虽然我国果树育种专家利用不同地理环境和气候形成的地方品种种质资源，已改良培育了许多果树栽培品种，但迄今为止尚有大量地方品种资源包括部分农家珍稀果树资源未予充分利用。由于种种原因，许多珍贵的果树资源正在消失之中。

　　发达国家不但调查和收集本国原产果树树种的地方品种，还进入其他国家收集资源，如美国系统收集了乌兹别克斯坦的葡萄地方品种和野生资源。近年来，一些欠发达国家也已开始重视地方品种的调查和收集工作。如伊朗收集了872份石榴地方品种，土耳其收集了225份无花果、386份杏、123份扁桃、278份榛子和966份核桃地方品种。因此，调查、收集、保存和利用我国果树地方品种和种质资源对推动我国果树产业的发展有十分重要的战略意义。

　　中国农业科学院郑州果树研究所长期从事果树种质资源调查、收集和保存工作。在国家科技部科技基础性工作专项重点项目"我国优势产区落叶果树农家品种资源调查与收集"支持下，该所联合全国多家科研单位、大专院校的百余名科技人员，利用现代化的调查手段系统调查、收集、整理和保护了我国主要落叶果树地方品种资源（梨、核桃、桃、石榴、枣、山楂、柿、樱桃、杏、葡萄、苹果、猕猴桃、李、板栗），并建立了档案、数据库和信息共享服务体系。这项工作摸清了我国果树地方品种的家底，为全国性的果树地方品种鉴定评价、优良基因挖掘和种质创新利用奠定了坚实的基础。

　　正是基于这些长期系统研究所取得的创新性成果，郑州果树研究所组织撰写了"中国果树地方品种图志"丛书。全书内容丰富、系统性强、信息量大，调查数据翔实可靠。它的出版为我国果树科研工作者提供了一部高水平的专业性工具书，对推动我国果树遗传学研究和新品种选育等科技创新工作有非常重要的价值。

中国农业科学院副院长

中国工程院院士　　吴孔明

2017年11月21日

总序二

Foreword Two

　　中国是世界果树的原生中心，不仅是果树资源大国，同时也是果品生产大国，果树资源种类、果品的生产总量、栽培面积均居世界首位。中国对世界果树生产发展和品种改良做出了巨大贡献，但中国原生资源流失严重，未发挥果树资源丰富的优势与发展潜力，大宗果树的主栽品种多为国外品种，难以形成自主创新产品，国际竞争力差。中国已有4000多年的果树栽培历史，是果树起源最早、种类最多的国家之一，拥有占世界总量3/5的果树种质资源，世界上许多著名的栽培种，如白梨、花红、海棠果、桃、李、杏、梅、中国樱桃、山楂、板栗、枣、柿子、银杏、香榧、猕猴桃、荔枝、龙眼、枇杷、杨梅等树种原产于中国。原产中国的果树，经过长期的栽培选择，已形成了生态类型众多的地方品种，对当地自然或栽培环境具有较好的适应性。一般多为较混杂的群体，如发芽期、芽叶色泽和叶形均有多种变异，是系统育种的原始材料，不乏优良基因型，其中不少在生产中发挥着重要作用，主导当地的果树产业，为当地经济和农民收入做出了巨大贡献。

　　我国有些果树长期以来在生产上还应用的品种基本都是各地的地方品种（农家品种），虽然开始通过杂交育种选育果树新品种，但由于起步晚，加上果树童期和育种周期特别长，造成目前我国生产上应用的果树栽培品种不少仍是从农家品种改良而来，通过人工杂交获得的品种仅占一部分。而且，无论国内还是国外，现有杂交品种都是由少数几个祖先亲本繁衍下来的，遗传背景狭窄，继续在这个基因型稀少的池子中捞取到可资改良现有品种的优良基因资源，其可能性越来越小，这样的育种瓶颈也直接导致现有品种改良潜力低下。随着现代育种工作的深入，以及市场对果品表现出更为多样化的需求和对果实品质提出更高的要求，育种工作者越来越感觉到可利用的基因资源越来越少，品种创新需要挖掘更多更新的基因资源。野生资源由于果实经济性状普遍较差，很难在短期内对改良现有品种有大的作为；而农家品种则因其相对优异的果实性状和较好的适应性与抗逆性，成为可在短期内改良现有品种的宝贵资源。为此，我们还急需进一步加大力度重视果树农家品种的调查、收集、评价、分子鉴定、利用和种质创新。

　　"中国果树地方品种图志"丛书中的种质资源的收集与整理，是由中国农业科学院郑州果树研究所牵头，全国22个研究所和大学、100多个科技人员同时参与，首次对我国果树地方品种进行较全面、系统调查研究和总结，工作量大，内容翔实。该丛书的很多调查图片和品种性状资料来之不易，许多优异、濒危的果树地方品种资源多处于偏远的山区村庄，交通不便，需跋山涉水、历经艰难险阻才得以调查收集，多为首次发表，十分珍贵。全书图文并茂，科学性和可读性强。我相信，此书的出版必将对我国果树地方品种的研究和开发利用发挥重要作用。

中国工程院院士　束怀瑞

2017年10月25日

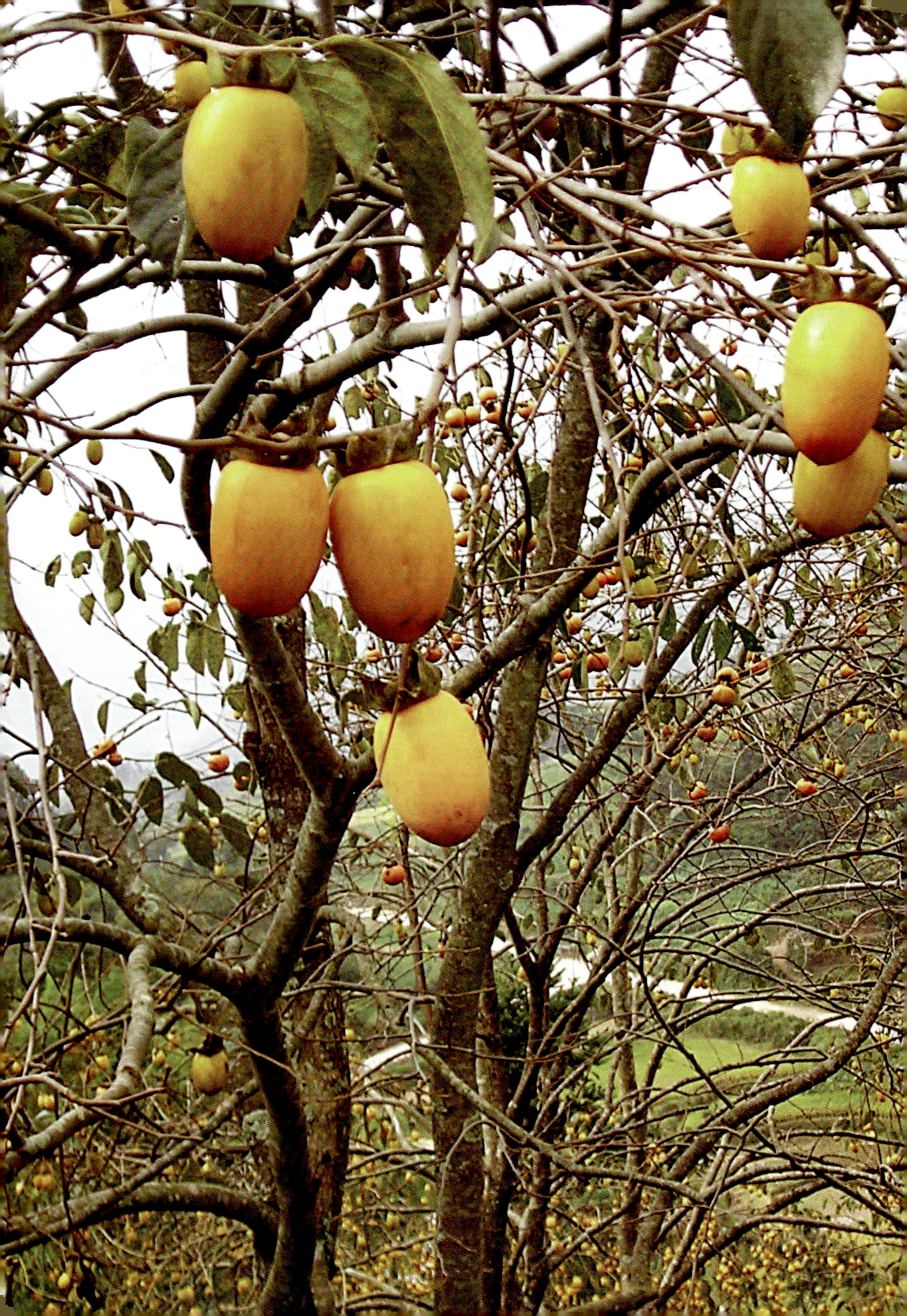

总 前 言

General Introduction

　　果树地方品种（农家品种）具有相对优异的果实性状和较好的适应性与抗逆性，是可在短期内改良现有品种的宝贵资源。"中国果树地方品种图志"丛书是在国家科技部科技基础性工作专项重点项目"我国优势产区落叶果树农家品种资源调查与收集"（项目编号：2012FY110100）的基础上凝练而成。该项目针对我国多年来对果树地方品种重视不够，致使果树地方品种的家底不清，甚至有的濒临灭绝，有的已经灭绝的严峻状况，由中国农业科学院郑州果树研究所牵头，联合全国多家具有丰富的果树种质资源收集保存和研究利用经验的科研单位和大专院校，对我国主要落叶果树地方品种（梨、核桃、桃、石榴、枣、山楂、柿、樱桃、杏、葡萄、苹果、猕猴桃、李、板栗）资源进行调查、收集、整理和保护，摸清主要落叶果树地方品种家底，建立档案、数据库和地方品种资源实物和信息共享服务体系，为地方品种资源保护、优良基因挖掘和利用奠定基础，为果树科研、生产和创新发展提供服务。

一、我国果树地方品种资源调查收集的重要性

　　我国地域辽阔，果树栽培历史悠久，是世界上最大的栽培果树植物起源中心之一，素有"园林之母"的美誉，原产果树种质资源十分丰富，世界各国广泛栽培的如梨、桃、核桃、枣、柿、猕猴桃、杏、板栗等落叶果树树种都起源于我国。此外，我国从世界各地引种果树的工作也早已开始。如葡萄和石榴的栽培种引入中国已有2000年以上历史。原产我国的果树资源在长期的人工选择和自然选择下形成了种类纷繁的、与特定地区生态环境条件相适应的生态类型和地方品种；而引入我国的果树材料通过长期的栽培选择和自然驯化选择，同样形成了许多适应我国自然条件的生态类型或地方品种。

　　我国果树地方品种资源种类繁多，不乏优良基因型，其中不少在生产中还在发挥着重要作用。比如'京白梨''莱阳梨''金川雪梨'；'无锡水蜜''肥城桃''深州蜜桃''上海水蜜'；'木纳格葡萄'；'沾化冬枣''临猗梨枣''泗洪大枣''灵宝大枣'；'仰韶杏''邹平水杏''德州大果杏''兰州大接杏''郯城杏梅'；'天目蜜李''绥棱红'；'崂山大樱桃''滕县大红樱桃''太和大紫樱桃''南京东塘樱桃'；山东的'镜面柿''四烘柿'，陕西的'牛心柿''磨盘柿'，河南的'八月黄柿'，广西的'恭城水柿'；河南的'河阴石榴'等许多地方品种在当地一直是主栽优势品种，其中的许多品种生产已经成为当地的主导农业产业，为发展当地经济和提高农民收入做出了巨大贡献。

　　还有一些地方果树品种向外迅速扩展，有的甚至逐步演变成全国性的品种，在原产地之外表现良好。比如河南的'新郑灰枣'、山西的'骏枣'和河北的'赞皇大枣'引入新疆后，结果性能、果实口感、品质、产量等表现均优于其在原产地的表现。尤其是出产于新疆的'灰枣'和'骏枣'，以其绝佳的口感和品质，在短短5～6年的时间内就风靡全国市场，其在新疆的种植面积也迅速发展逾3.11万hm²，成为当地名副其实的"摇钱树"。分布范围更广的当属'砀山酥梨'，以

其出色的鲜食品质、广泛的栽培适应性,从安徽砀山的地方性品种几十年时间迅速发展成为在全国梨生产量和面积中达到1/3的全国性品种。

果树地方品种演变至今有着悠久的历史,在漫长的演进过程中经历过各种恶劣的生态环境和毁灭性病虫害的选择压力,能生存下来并获得发展,决定了它们至少在其自然分布区具有良好的适应性和较为全面的抗性。绝大多数地方品种在当地栽培面积很小,其中大部分仅是散落农家院中和门前屋后,甚至不为人知,但这里面同样不乏可资推广的优良基因型;那些综合性状不够好、不具备直接推广和应用价值的地方品种,往往也潜藏着这样或那样的优异基因可供发掘利用。

自20世纪中叶开始,国内外果树生产开始推行良种化、规模化种植,大规模品种改良初期果树产业的产量和质量确实有了很大程度的提高;但时间一长,单一主栽品种下生物遗传多样性丧失,长期劣变积累的负面影响便显现出来。大面积推广的栽培品种因当地的气候条件发生变化或者出现新的病害受到毁灭性打击的情况在世界范围内并不鲜见,往往都是野生资源或地方品种扮演救火英雄的角色。

20世纪美国进行的美洲栗抗栗疫病育种的例子就是证明。栗疫病由东方传入欧美,1904年首次见于纽约动物园,结果几乎毁掉美国、加拿大全部的美洲栗,在其他一些国家也造成毁灭性的影响。对栗疫病敏感的还有欧洲栗、星毛栎和活栎。美国康涅狄格州农业试验站从1907年开始研究栗疫病,这个农业试验站用对栗疫病具有抗性的中国板栗和日本栗作为亲本与美洲栗杂交,从杂交后代中选出优良单株,然后再与中国板栗和日本栗回交。并将改良栗树移植进野生栗树林,使其与具有基因多样性的栗树自然种群融合,产生更高的抗病性,最终使美洲栗产业死而复生。

我国核桃育种的例子也很能说明问题。新疆核桃大多是实生地方品种,以其丰产性强、结果早、果个大、壳薄、味香、品质优良的特点享誉国内外,引入内地后,黑斑病、炭疽病、枝枯病等病害发生严重,而当地的华北核桃种群则很少染病,因此人们认识到华北核桃种群是我国核桃抗性育种的宝贵基因资源。通过杂交,华北核桃与新疆核桃的后代在发病程度上有所减轻,部分植株表现出了较强的抗性。此外,我国从铁核桃和普通核桃的种间杂种中选育出的核桃新品种,综合了铁核桃和普通核桃的优点,既耐寒冷霜冻,又弥补了普通核桃在南方高温多湿环境下易衰老、多病虫害的缺陷。

'火把梨'是云南的地方品种,广泛分布于云南各地,呈零散栽培状态,果皮色泽鲜红艳丽,外观漂亮,成熟时云南多地农贸市场均有挑担零售,亦有加工成果脯。中国农业科学院郑州果树研究所1989年开始选用日本栽培良种'幸水梨'与'火把梨'杂交,育成了品质优良的'满天红''美人酥'和'红酥脆'三个红色梨新品种,在全国推广发展很快,取得了巨大的社会、经济效益,掀起了国内红色梨产业发展新潮,获得了国际林产品金奖、全国农牧渔业丰收奖二等奖和中国农业科学院科技成果一等奖。

富士系苹果引入中国,很快在各苹果主产区形成了面积和产量优势。但在辽宁仅限于年平均气温10℃,1月平均气温-10℃线以南地区栽培。辽宁中北部地区扩展到中国北方几省区尽管日照充足、昼夜温差大、光热资源丰富,但1月平均气温低,富士苹果易出现生理性冻害造成抽条,无法栽培。沈阳农业大学利用抗寒性强、大果、肉质酸酥、耐贮运的地方品种'东光'与'富士'进行杂交,杂交实生苗自然露地越冬,以经受冻害淘汰,顺利选育出了适合寒地栽培的苹果品种'寒富'。'寒富'苹果1999年被国家科技部列入全国农业重点开发推广项目,到目前为止已经在内蒙古南部、吉林珲春、黑龙江宁安、河北张家口、甘肃张掖、新疆玛纳斯和西藏林芝等地广泛栽培。

地方品种虽然重要,但目前许多果树地方品种的处境却并不让人乐观!我们在上马优良新品种和外引品种的同时,没有处理好当地地方品种的种质保存问题,许多地方品种因为不适应商业化的要求生存空间被挤占。如20世纪80年代巨峰系葡萄品种和21世纪初'红地球'葡萄的大面积推广,造成我国葡萄地方品种的数量和栽培面积都在迅速下降,甚至部分地方品种在生产上的消失。20世纪80年代我国新疆地区大约分布有80个地方品种或品系,而到了21世纪只有不到30个地方品种还能在生产上见到,有超过一半的地方品种在生产上消失,同样在山西省清徐县曾广泛分布的古老品种'瓶儿',现在也只能在个别品种园中见到。

加上目前中国正处于经济快速发展时期,城镇化进程加快,因为城镇发展占地、修路、环境恶化等原因,许多果树地方品种正在飞速流失,亟待保护。以山西省的情况为例:山西有山楂地方品种'泽州红''绛县粉口''大果山楂''安泽红果'等10余个,近年来逐年减少;有板栗地方品种10余个,已经灭绝或濒临灭绝;有柿子地方品种近70个,目前60%已灭绝;有桃地方品种30余个,目前90%已经灭绝;有杏地方品种70余个,目前60%已灭绝,其余濒临灭绝;有核桃地方品种60余个,目前有的已灭绝,有的濒临灭绝,有的品种名称混乱;有2个石榴地方品种,其中1个濒临灭绝!

又如,甘肃省果树资源流失非常严重。据2008年初步调查,发现5个树种的103个地方果树珍稀品种资源濒临流失,研究人员采集有限枝条,以高接方式进行了抢救性保护;7个树种的70个地方果树品种已经灭绝,其中梨48个、桃6个、李4个、核桃3个、杏3个、苹果4个、苹果砧木2个,占原《甘肃果树志》记录品种数的4.0%。对照《甘肃果树志》(1995年),未发现或已流失的70个品种资源主要分布在以下区域:河西走廊灌溉果树区未发现或已灭绝的种质资源6个(梨品种2个、苹果品种4个);陇西南冷凉阴湿果树区未发现或灭绝资源10个(梨资源7个、核桃资源3个);陇南山地果树区未发现或流失资源20个(梨资源14个、桃资源4个、李资源2个);陇东黄土高原果树区未发现或流失资源25个(梨品种16个、苹果砧木2个、杏品种3个、桃品种2个、李品种2个);陇中黄土高原丘陵果树区未发现或已流失的资源9个,均为梨资源。

随着果树栽培良种化、商品化发展,虽然对提高果品生产效益发挥了重要作用,但地方品种流失也日趋严重,主要表现在以下几个方面:

1. 城镇化进程的加快,随着传统特色产业地位的丧失,地方品种逐渐减少

近年来,随着城镇化进程的加快,以前的郊区已经变成了城市,以前的果园已经难寻踪迹,使很多地方果树品种随着现代城市的建设而丢失,或正面临丢失。例如,甘肃省兰州市安宁区曾经是我国桃的优势产区,但随着城镇化的建设和发展,桃树栽培面积不到20世纪80年代的1/5,在桃园大面积减少的同时,地方品种也大幅度流失。兰州'软儿梨'也是一个古老的品种,但由于城镇化进程的加快,许多百年以上的大树被砍伐,也面临品种流失的威胁。

2. 果树良种化、商品化发展,加快了地方品种的流失

随着果树栽培良种化、商品化发展,提高了果品生产的经济效益和果农发展果树的积极性,但对地方品种的保护和延续造成了极大的伤害,导致了一些地方品种逐渐流失。一方面是新建果园的统一规划设计,把一部分自然分布的地方品种淘汰了;另一方面,由于新品种具有相对较好的外观品质,以前农户房前屋后栽植的地方品种,逐渐被新品种替代,使很多地方品种面临灭绝流失的威胁。

3. 国家对果树地方品种的保护宣传力度和配套措施不够

依靠广大农民群众是保护地方品种种质资源的基础。由于国家对地方品种种质资源的重要性和保护意义宣传力度不够,农民对地方品种保护的认知不到位,导致很多地方品种在生产和生活中不经意地流失了。同时,地方相关行政和业务部门,对地方品种的保护、监管、标示力度不够,没有体现出地方品种资源的法律地位,导致很多地方品种濒临灭绝和正在灭绝。

发达国家对各类生物遗传资源(包括果树)的收集、研究和利用工作极为重视。发达国家在对本国生物遗传资源大力保护的同时,还不断从发展中国家大肆收集、掠夺生物遗传资源。美国和前苏联都曾进行过系统地国外考察,广泛收集外国的植物种质资源。我国是世界上生物遗传资源最丰富的国家之一，也是发达国家获取生物遗传资源的重要地区，其中最为典型的案例当属我国大豆资源（美国农业部的编号为PI407305）流失海外，被孟山都公司研究利用，并申请专利的事件。果树上我国的猕猴桃资源流失到新西兰后被成功开发利用，至今仍然有大量的国外公司组织或个人到我国的猕猴桃原产地大肆收集猕猴桃地方品种资源和野生资源。甚至连绝大多数外国人现在都还不甚了解的我国特色果树——枣的资源也已经通过非正常途径大量流失到了国外！若不及时进行系统的调查摸底和保护，那种"种中国豆，侵美国权"的荒诞悲剧极有可能在果树上重演！

综上所述，我国果树地方品种是具有许多优异性状的资源宝库，目前正以我们无法想象的速度消失或流失；应该立即投入更多的力量，进行资源调查、收集和保护，把我们自己的家底摸清楚，真正发挥我国果树种质资源大国的优势。那些可能由于建设或因环境条件恶化而在野外生存受到威胁的果树地方品种，不能在需要抢救时才引起注意，而应该及早予以调查、收集、保存。要对我国落叶果树地方品种进行调查、收集和保存，有多种策略和方法，最直接、最有效的办法就是对优势产区进行重点调查和收集。

二、调查收集的方式、方法

按照各树种资源调查、收集、保存工作的现状，重点调查资源工作基础薄弱的树种（石榴、樱桃、核桃、板栗、山楂、柿），对已经具有较好资源工作基础和成果的树种（梨、桃、苹果、葡萄）做补充调查。根据各树种的起源地、自然分布区和历史栽培区确定优势产区进行调查，各树种重点调查区域见本书附录一。各省（自治区、直辖市）主要调查树种见本书附录二。

通过收集网络信息、查阅文献资料等途径，从文字信息上掌握我国主要落叶果树优势产区的地域分布，确定今后科学调查的区域和范围，做好前期的案头准备工作。

实地走访主要落叶果树种植地区，科学调查主要落叶果树的优势产区区域分布、历史演变、栽培面积、地方品种的种类和数量、产业利用状况和生存现状等情况，最终形成一套系统的相关科学调查分析报告。

对我国优势产区落叶果树地方品种资源分布区域进行原生境实地调查和GPS定位等，评价原生境生存现状，调查相关植物学性状、生态适应性、栽培性能和果实品质等主要农艺性状（文字、特征数据和图片），对优良地方品种资源进行初步评价、收集和保存。

对叶、枝、花、果等性状按各种资源调查表格进行记载，并制作浸渍或腊叶标本。根据需要对果实进行果品成分的分析。

加强对主要生态区具有丰产、优质、抗逆等主要性状资源的收集保存。注重地方品种优良变异株系的收集保存。

主要针对恶劣环境条件下的地方品种，注重对工矿区、城乡结合部、旧城区等地濒危和可能灭绝地方品种资源的收集保存。

收集的地方品种先集中到资源圃进行初步观察和评估，鉴别"同名异物"和"同物异名"现象。着重对同一地方品种的不同类型（可能为同一遗传型的环境表型）进行观察，并用有关仪器进行简化基因组扫描分析，若确定为同一遗传型则合并保存。对不同的遗传型则建立其分子身份鉴别标记信息。

已有国家资源圃的树种，收集到的地方品种入相应树种国家种质资源圃保存，同时在郑州、随州地区建立国家主要落叶果树地方品种资源圃，用于集中收集、保存和评价有关落叶果树地方品种资源，以确保收集到的果树地方品种资源得到有效的保护。郑州和随州地处我国中部地区，中原之腹地，南北交汇处，既无北方之严寒，又无南方之酷热。因此，非常适宜我国南北各地主要落叶果树树种种质资源的生长发育，有利于品种资源的收集、保存和评价。

利用中国农业科学院郑州果树研究所优势产区落叶果树树种资源圃保存的主要落叶果树树种

地方品种资源和实地科学调查收集的数据，建立我国主要落叶果树优良地方品种资源的基本信息数据库，包括地理信息、主要特征数据及图片，特别是要加强图像信息的采集量，以区别于传统的单纯文字描述，对性状描述更加形象、客观和准确。

对我国优势产区落叶果树优良地方品种资源进行一次全面系统梳理和总结，摸清家底。根据前期积累的数据和建立的数据库（http://www.ganguo.net.cn），开发我国主要落叶果树优良地方品种资源的GIS信息管理系统。并将相关数据上传国家农作物种质资源平台（http://www.cgris.net），实现果树地方品种资源信息的网络共享。

工作路线见本书附录三。工作流程见本书附录四。要按规范填写调查表。调查表包括：农家品种摸底调查表、农家品种申报表、农家品种资源野外调查简表、各类树种农家品种调查表、农家品种数据采集电子表、农家品种调查表文字信息采集填写规范。农家品种标本、照片采集按规范填写"农家品种资源标本采集要求"表格和"农家品种资源调查照片采集要求"表格。调查材料提交也须遵照规范。编号采用唯一性流水线号，即：子专题（片区）负责人姓全拼+名拼音首字母+采集者姓名拼音首字母+流水号数字。

本次参加调查收集研究有22个单位，分布在我国西南、华南、华东、华中、华北、西北、东北地区，每个单位除参加过全国性资源考察外，他们都熟悉当地的人文地理、自然资源，都对当地的主要落叶果树资源了解比较多，对我们开展主要落叶果树地方品种调查非常有利，而且可以高效、准确地完成项目任务。其中包括2个农业部直属单位、4个教育部直属大学（含2所985高校）、10个省属研究所和大学，100多名科技人员参加调查，科研基础和实力雄厚，参加单位大多从事地方品种相关的调查、利用和研究工作，对本项目的实施相当熟悉。还有的团队为了获得石榴最原始的地方品种材料，尽管当地有关专业部门说，近期雨季不能到有石榴地方品种的地区调查，路险江深，有生命危险，可他们还是冒着生命危险，勇闯交通困难的西藏东南部三江流域少人区调查，获得了可贵的地方品种资源。

通过5年多的辛勤调查、收集、保存和评价利用工作，在承担单位前期工作的基础上，截至2017年，共收集到核桃、石榴、猕猴桃、枣、柿子、梨、桃、苹果、葡萄、樱桃、李、杏、板栗、山楂等14个树种共1700余份地方品种。并积极将这些地方品种资源应用于新品种选育工作，获得了一批在市场上能叫得响的品种，如利用河南当地的地方品种'小火罐柿'选育的极丰产优质小果型柿品种'中农红灯笼柿'，以其丰产、优质、形似红灯笼、口感极佳的特色，迅速获得消费者的认可，并获得河南省科技厅科技进步奖一等奖和河南省人民政府科技进步奖二等奖。

"中国果树地方品种图志"丛书被列为"十三五"国家重点出版物规划项目。成书过程中，在中国农业科学院郑州果树研究所、湖南农业大学等22个单位和中国林业出版社的共同努力和大力支持下，先后于2017年5月在河南郑州、2017年10月25日至11月5日在湖南长沙、11月17～19日在河南郑州召开了丛书组稿会、统稿会和定稿会，对书稿内容进行了充分把关和进一步提升。在上述国家科技部基础性工作专项重点项目启动和执行过程中，还得到了该项目专家组束怀瑞院士（组长）、刘凤之研究员（副组长）、戴洪义教授、于泽源教授、冯建灿教授、滕元文教授、卢春生研究员、刘崇怀研究员、毛永民教授的指导和帮助，在此一并表示感谢！

曹尚银

2017年11月17日于河南郑州

前言

Preface

　　柿属（*Diospyros* Linn.），主要分布在热带和亚热带地区，温带地区较少。我国是柿属植物的分布中心和原产中心之一，在我国已有1000多年的栽培历史。柿（*Diospyros kaki*）属柿树科（Ebenaceae）柿属（*Diospyros*）落叶乔木，是柿属植物中作为果树利用的代表种，又名红嘟嘟、朱果、红柿，柿树性喜温暖气候，适应性强。世界柿产区主要在暖温带，其中尤以中国、日本和韩国栽培最多。我国不仅是柿的原产中心，也是栽培柿树最早的国家。中国是世界上产柿产量最多的国家，占世界近80%，在世界柿果品市场处于重要地位。柿子在我国各地广为栽培，主要在广西、河南、河北等，产量约占全国市场的50%。柿树是强阳性树种，耐寒，喜湿润，也耐干旱，在空气干燥而土壤较为潮湿的环境下生长，忌积水，深根性，根系强大，吸水、吸肥力强，也耐瘠薄，适应性强，不喜砂质土，抗污染性强。柿树潜伏芽寿命长，更新和成枝能力很强，而且更新枝结果快、坐果牢、寿命长。柿子品种繁多，约有上千种，从色泽上可分为红柿、黄柿、青柿、朱柿、白柿、乌柿等；从果形上可分为圆柿、长柿、方柿、葫芦柿、牛心柿等；从果实脱涩程度可分为涩柿、甜柿、不完全涩柿、不完全甜柿。由于柿子本身单宁含量高、脱涩不宜完全、贮藏期短，相对苹果、梨等大宗水果的受欢迎程度还有较大差距，因此在育种研究和选育新品种方面投入较少，并且基础相对薄弱。尽管如此，国内外学者仍坚持不懈地进行柿品种改良及育种研究，致力于柿的进一步发展和推广。

　　地方品种又称农家品种，是在特定地区经过长期栽培和自然选择而形成的品种，对所在地区的气候和生产条件一般具有较强的适应性，并包含有丰富的基因型，具有丰富的遗传多样性，常存在特殊优异的性状基因，是果树品种改良的重要基础和优良基因来源。在美国、欧洲等发达国家，果树生产大多以大中型的果园农场进行生产，小型果园或类似我国农家形式的生产较少，这种类似工业化生产的模式给生产者带来巨大方便快捷的同时也同样造成了果树品种单一、许多优良的自然突变容易被忽略。由于社会历史的原因，我国果树生产大都以农户生产方式存在，果园面积小，经济效益低。这种农户型的生产方式有着种种弊端，但同时也为自然突变所产生的优良品种提供了可以生存的空间。农户对于自家所生产的品种比较熟悉，通过自然实生、芽变或自然变异所产生的优良性状的果树品种能够被保留下来，在不经意间被选育出来，成为地方品种。但由于这种方式所产生的品种没有经过任何形式的鉴定评价，每种品种的数量稀少，很容易随着时间的流逝而灭绝。而随着时代的发展和科研、育种工作的深入，种质资源调查的要求也发生了很大的变化。育种家们逐渐认识到现有栽培品种的遗传育种体系相对封闭，遗传多样性受制于其祖先亲本，遗传背景极为狭窄，育种性状提高的空间越来越小，亟需引入新的优异基因资源。地方品种因为积累了丰富的优良变异，且本身综合性状较好，逐渐成为新形势下育种家们迫切需要了解的资源。因此，为了保护和收集这些长期累积下来的优良地方品种果树资源，进行系统的调查迫在眉睫。

《中国柿地方品种图志》是首次对中国柿地方品种进行了比较全面、系统调查研究的阶段性总结，为研究柿的起源、演化、分类及柿资源的开发利用提供较完整的资料，将对促进我国柿产业发展和科学研究产生重要的作用。本书内容重点放在柿种质资源的地理分布、特异生产特性和品种资源的描述，并且增加提交人及其联系方式、地理信息等。我们通过先进的设备进行考察，把品种图像较为准确和形象地记录下来；并通过GPS定位导航设备和GIS软件系统对每个地方品种的生境和其代表株进行精确定位和信息采集，以达到品种的可追踪性。本书图像大部分均在种质原产地采集，包括生境、单株、花、果、叶、枝条等信息，力求还原种质的本来面貌。

本书共分为总论与各论两部分，总论分六节，前三节分别从柿种质资源的重要性及分布、柿栽培现状、柿育种研究进展等方面介绍了本书的背景，第四节介绍了进行地方品种调查与收集的重要性，第五节介绍了进行柿地方品种调查的思路和方法，第六节则对收集的柿部分地方品种进行了遗传多样性分析和运用MCID进行品种鉴定。各论则按照东部片区、西部片区、南部片区、北部片区、中部片区等五个片区分别介绍地方柿资源分布情况，对于每份资源从基本信息（包括提供人、调查人、位置信息、地理数据、样本类型等）、生境信息、植物学信息、果实经济性状、生物学信息和品种评价等方面入手，切实展示该品种资源的特征特性，以便于育种工作者辨识并加以有效利用。调查编号根据片区负责人姓全拼+名缩写+采集者姓名的首字母+3位数字编号的形式，便于辨识和后期品种追踪调查，每个品种都有一个品种俗称，若有相同的名字，加调查地点的名字加以区分，相同的地点的加数字予以区分，多个品种可以按照数字依次编写。另外还要加强图像信息的采集，以区别于传统的单纯文字描述，对性状描述更加形象、客观和准确。本书所配照片在总论中都一一标出拍摄人或提供人姓名，各论里照片都是各片区调查人拍照提供，由于人数较多，就不一一列出。

本书共收集110份柿地方品种资源，文字超过10万字，选录超过600张彩色图像。希望本书的出版能为柿地方品种的利用及地理分布研究提供较为全面、完整的资料，促进柿地方品种科研与生产的发展。

由于著者水平和掌握资料有限，本书有遗漏和不足之处敬请读者及专家给予指正，以便日后补充修订。

著者

2017年11月

目录

Contents

总论

第一节
柿种质资源的重要性及柿品种资源研究现状

一 柿的起源与分布

1. 柿的起源

柿属（*Diospyros* Linn.）属柿科（Ebenaceae），全世界约有500多种，主要产于热带地区。中国有柿属植物57种6变种1变型1栽培种，全国各地均有分布，主要分布于西南部至东南部。柿属植物用途广泛，柿（*Diospyros kaki* Thunb.）未成熟果实可加工柿漆；柿属植物中作为果树栽培的主要是柿，另外油柿（*Diospyros oleifera* Cheng）、君迁子（*Diospyros lotus* L.）、老鸦柿（*Diospyros rhombifolia* Hemsl.）等种也有少量作为果树利用；君迁子、油柿等种不仅可以食用、入药，也可在柿繁殖过程中作为砧木发挥重要作用；有些柿属植物树姿优美，被用来制作盆景或行道树。

柿是东亚的特产果树，栽培历史悠久，但围绕柿的原产地问题，意见不尽一致。我国学者认为柿原产我国的长江流域（李树钢，1987），也有的学者认为柿原产我国的西南地区（左大勋等，1984）。日本学者则认为柿原产东亚，包括中国、日本和朝鲜半岛在内（罗正荣等，1996）。在日本和朝鲜半岛也确有野生柿的自然分布，但其是纯野生还是逸为野生迄今还不能判别。也有的日本学者认为柿原产中国的黄河下游，在奈良时代（700年前后）传入日本。此外有关柿的传播，我国学者认为柿是由野柿经人类长期选育而成，并以西南为中心向东北、北和东南传播（左大勋等，1984）。

我国是栽培柿树最早的国家。在战国前后的《礼记·内则》（图1）中，柿果实被记载是当时的统治者用来供祭祀、享宾客的珍贵果品之一。后来在西汉司马相如的《上林赋》中，柿树作为皇帝御花园（今陕西省长安县、户县、周至县一带）中的"异卉奇葩"而被记述。公元前1世纪王褒的《僮约》中才明确记载：今四川夹江一带，柿与橘、桃、李、梨一起被作为果树来栽培。由此看来，尽管柿树在我国的古代文献中很早就有出现，但可能是作为奇花异木零星种植于宫苑庭院，作为果树其栽培历史有2000余年。北魏贾思勰的《齐民要术》载（图2）：有核种用实生繁殖，无核种用君迁子作砧木嫁接繁殖，其嫁接方法和梨相同。在南宋的

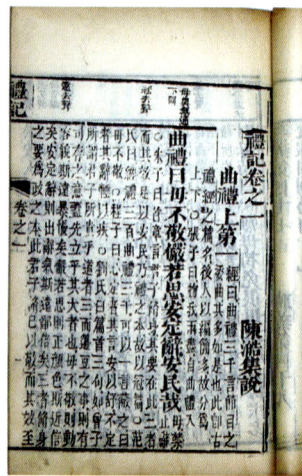

图1 礼记（罗正荣 供图）

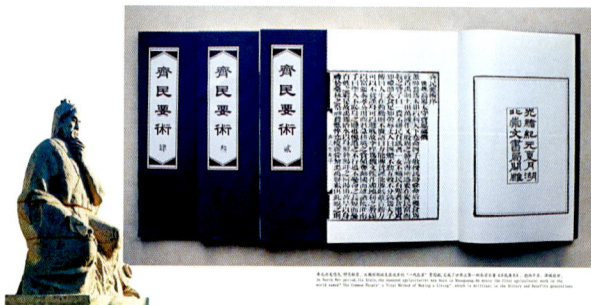

图2 齐民要术（罗正荣 供图）

《种艺必用》（图3）及后来的《便民图纂》（图4）中，有重叠嫁接使柿果种子不育的记载。说明当时柿的繁殖技术已达到很高的水平。唐末段成式的《西阳杂俎》（图5）总结出群众对柿树的7点评价：①寿，②多阴，③无鸟巢，④无虫，⑤霜叶可玩，⑥嘉实，⑦落叶肥大（罗正荣等，1996）。可见在我国唐代对柿的经济价值已经有了很深刻的认识，这与当时柿树生产的盛况历史也是相符合的。后来由于加工技术的提高，柿饼又能代粮充饥，在黄河中下游自然灾害频繁的地区被大量栽种，发展成为与人民生活密切相关的救荒树种和主要果树之一。

柿在我国种植栽培历史中，逐渐发展出了独特的柿文化。3000年之前，柿蒂纹就是装饰纹样之一，柿蒂纹兴起于战国，在汉代流行。柿蒂纹具有深奥的文化内涵，柿根坚固、柿树长寿，柿蒂纹寓意牢固、永久、耐用，符合当时的五行学说，多在古代剑首、玉灯、玉盒等玉器上应用（图6）。

作为柿的原产地，我国南方很多地方都有柿野生种的分布，很可能在新石器时代，这些野生种已经被古人采集食用。已有的考古资料表明，无论南方或者北方，这种果树的利用都很早。在岭南，广东高要的茅岗出土过战国时期的柿核和柿壳。在长江流域，湖北荆门出土过战国时期的柿核。另外，河南信阳长台关曾经出土过战国时期的柿核。除上面提到的战国时期的考古遗物外，一些汉代遗址也有柿的遗存出土。湖南长沙马王堆汉墓出土过柿核（李树钢，1987）。很显然，先秦时期，柿就可能已经是我国一种受欢迎的水果（图7）。

罗正荣（1996）认为云南和华南的两广等地是我国柿属植物的分布中心和原生产区。栽培柿可能起源于油柿。我国已故果树分类专家俞德浚指出"本种近似普通柿"，而且很早就被栽培。油柿在我国华南的两广，长江流域上游的云南、贵州，至下游的江苏、浙江等地，尤其是在中游的湖北和四川海拔1300m的山区很多，常长成高大的乔木（Choi Y A *et al.*，2003）。福建西部山区也有很多的分布，当地的百姓仍采摘油柿果，通过放在稻谷中脱涩后食用。柿栽培可能始于长江中游的四川和两湖这些油柿常见的分布地区。另外，我国闽广还分布有罗浮柿（山柿，*Diospyros momrrisiana* Hance），江西庐山还分布有粉叶柿（即浙江柿，*Diospyros glaucifolia* Metc.）等野生种。它们在南方柿品种的形成、发展

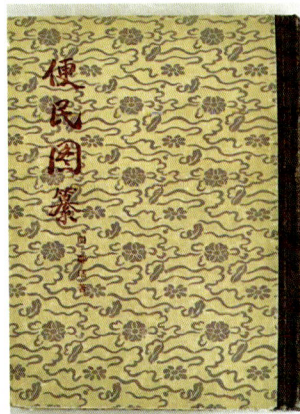

图3 种艺必用（罗正荣 供图） 图4 便民图纂（罗正荣 供图）

图5 西阳杂俎（罗正荣 供图）　　图6 柿蒂纹装饰（罗正荣 供图）

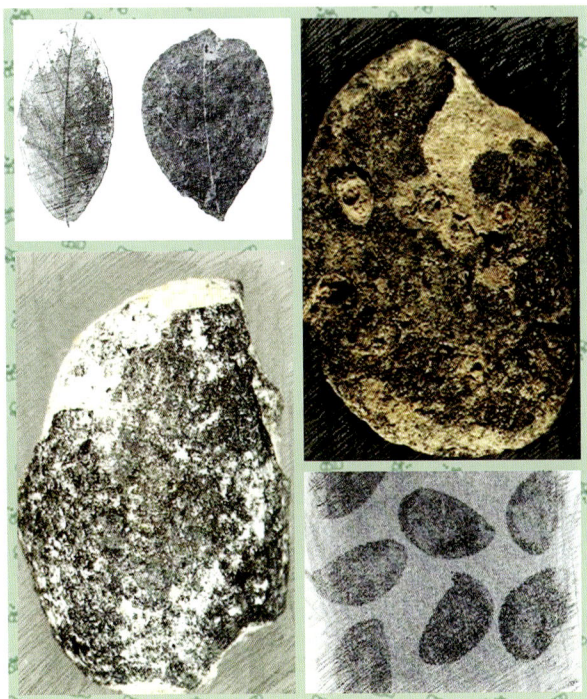

图7 我国出土柿的叶片与种子（杨勇 供图）

过程中，是否发挥过作用尚不清楚。

结合上述考古、野生植物分布和相关文献资料，不难看出柿在我国至少有2000多年的栽培史，而且可能由长江流域中上游地区的四川和两湖一带首先栽培。柿在古代文献中出现比较晚，可能与柑橘类果树类似，与其起源于南方有关。

2. 柿的主要分布

柿树性喜温暖气候，适应性强。世界柿产区主要在暖温带，其中尤以东北亚的中国、日本和韩国栽培最多。日本南自鹿儿岛，北至青森县都有柿树栽培，但甜柿对温度要求高，主要分布于和歌山、奈良、福冈、岐阜、山形、爱知等地。韩国柿分布在平安南道的海岸地带和东海岸的元山地区以南。庆尚北道及全罗北道多为涩柿，近几年，在庆尚北道以南地区大量栽培以富有为主的甜柿。东南亚的部分国家也有少量栽培。欧洲在17世纪初，来中国旅行的传教士将柿带回了欧洲，又于1786年从日本引种；19世纪初又从中国引种，主要栽于地中海沿岸。其中意大利栽培较多，甜柿发展较快。此外，土耳其、西班牙及地中海沿岸各国均有少量栽培。新西兰30年前从日本引进了许多柿品种，尤其是甜柿品种。近几年，柿作为猕猴桃的互补水果得到了迅速发展。巴西、以色列、美国、智利、新西兰、澳大利亚等国也开始竞相发展柿树，尤其是甜柿的生产。

我国柿树分布形成了一条十分明显的界线，以年降雨量450mm以上，年均温10℃的等温线经过的地方。在这条线以北和以西的地方，柿树分布较少。柿是我国各地广泛栽培的一种果树，也是我国原产最著名的浆果，华北是其主要产区，黄河流域的河北、河南、陕西、山东、山西栽培面积和产量占全国的70%。我国既有原产各地的涩柿，也有原产大别山区的甜柿。除东北、西北高寒地区之外，全国其他地方都有栽培，以华南的广西和黄河流域的河北、河南、陕西、山东、山西栽培最多，福建、安徽和广东也有相当规模的栽培（表1）。

二 柿种质资源的重要性及现状

1. 柿种质资源的重要性

种质资源（Germplasm resource）是人类赖以生

表1 我国柿主要分布地（艾呈祥等，2011）

分布地	主要地区
陕西	潼关、华阴、华县、渭南、蓝田、临潼、户县、宝鸡、扶风、武功、关中各地、长安、咸阳、周至、眉县、宜川、铜川、富平、磁县、浮华、三原、兴平、乾县、凤翔、歧县、安康、镇安、商县、洛南、丹凤等地
山东	菏泽、益都、历城、平邑、栖露、前峰、梁山、苍山、宁阳、泰安、济宁、长青、海阳、枣庄、青岛、蓬莱、莒县、临沂、费县、肥城等地
福建	浦城、福安、宁德、寿宁、泉州、诏安、安澄、海澄、平和、南靖、洋浦、龙岩、永安、永定、政和、惠安、永春、长汀、连城、上杭、仙游、德化、闽侯等地
河南	荥阳、博爱、洛阳、兰考、安阳、新乡等地
山西	永济、芮城、稷山、垣曲、万荣、临猗、闻喜、夏县、新绛、绛县、晋城、阳城、沁水、黎城、潞城、襄汾、左权、孝义等地
浙江	杭州、余杭、德清、萧山、余姚、绍兴、巨县、永康、常山、义务、缙云、新昌、嵊州、诸暨、临海、三门、天台、平阳、瑞安、黄岩、温岭等地
湖北	郧阳、南漳、保康、襄阳、英山、孝感、宜昌、恩施、咸丰、巴东等地
河北	保定、易县、赞皇、邢台、遵化等地
安徽	宣城、休宁、泾县、砀山、宿县、单县、太湖、东玉、金寨等地
云南	文山、六角、砚山、富宁、马关、德宏、曲靖、陆良、宜良、罗平等地
江西	抚州、上饶等地
甘肃	文县、天水、武都、岷县、泾川、宁县等地
贵州	盘县、开阳、兴仁、兴义、惠水、创河、镇宁、贵阳、遵义、仁怀、湄潭、思南、黔西、华冷、翁安、安龙、安顺、晋安、都匀、金沙、三都、罗甸、印江、大方、黄平、桐梓、赤水等地
广东	广州、五边、老山、江夏、龙潭、文中、黄田、潮阳等地
广西	恭城、平乐、荔浦、富钟、阳朔、临桂、容县等地
四川	渠县、会理、康定、广元、德昌、西昌、金堂、龙泉山、奉节等地
江苏	宜兴、南京、海门、铜山、东海、赣榆等地
湖南	京山、祁阳等地
北京	怀柔
天津	蓟县

存和发展的根本，种质资源是不断发展新作物的主要来源（房经贵等，2014；曹尚银等，2013）。柿种质资源的收集与保护对柿属植物的发展极其重要。欧盟于1996年在农业种质资源的保存项目中，专门立项收集、保存、开发和利用柿属植物，尤其是甜柿品种资源。首先，种质资源是柿现代育种的物质基础，没有好的柿种质资源，就不能育成好的柿品种，柿稀有特异种质对育种成效具有决定性作用。当代植物育种中的每一重大成就，突破性品种的育成几乎都是和种质资源方面的重大发现和开发利用分不开的。其次，柿新的育种目标能否实现决定于所拥有的种质资源。柿育种目标不是一成不变的，人类物质生活水平的不断提高，对柿育种不断提出新的目标。而新的育种目标能否实现决定于所拥有的种质资源数量和质量。然

图8 柿果实形状多样性（果实正面）（李晓鹏 供图）

图9 柿果实形状多样性（果实底部）（李晓鹏 供图）

后，柿种质资源是生物学理论研究的重要基础材料。柿种质资源不但是选育新作物、新品种的基础，也是生物学研究必不可少的重要材料，不同的种质资源，各具有不同的生理和遗传特性，以及不同的生态特点，对其进行深入研究，为育种工作提供理论依据。此外，柿物种多样性是遗传多样性和生态系统多样性的基础（图8、图9），同时也是柿属植物良种工程的充分必要的物质基础。丰富的遗传变异，保护和提高遗传变异性，才能为目前或今后的柿遗传育种提供丰富的原始素材（朱占英，2012）。因此，收集和保存经自然界长期进化而来的柿种质资源，对于保护柿物种的多样性具有极为重要的作用。最后，柿种质资源的收集与保护可为细胞融合和DNA重组等生物工程育种技术储备必要的物质条件。

2.世界柿种质资源现状

柿属植物中的柿集中分布在暖温带，其中以亚洲的中国、日本、韩国等年均温10℃以南地区栽培最多。各国对柿资源的收集保存非常重视，尤以中国、日本为最。

日本对有关柿种质资源的研究最为系统和深入。17世纪以后，日本的柿树栽培得到迅速发展（罗正荣等，1996），成为仅次于我国的柿生产大国，而到了20世纪30年代就开展了培育完全甜柿等柿育种工作后，在日本，已有上千份柿品种资源被京都大学、农林水产省果树试验场安芸津支场等单位收集保存。目前，日本将柿品种（甜柿和涩柿）归并为63个类型，并从中选出58个地方优良品种。

目前已基本完成了本国原产柿品种的调查、收集、保存、鉴定等工作（Yonemori K *et al.*，2000）。

20世纪50年代到60年代，韩国在Kim-hea试验场分场收集了233个地方品种，并经栽培筛选出74个优良品种（Akhmedzhanova *et al.*，1996）。20世纪90年代，韩国也分别建成了甜柿和涩柿两个试验场，并于1995年开始引入日本完全甜柿进行杂交育种等工作，选育大果、早熟等高品质的完全甜柿。

19世纪末，柿被引入意大利，同时，也开发出许多地方品种，这些地方品种及从亚洲国家引入的新品种保存在佛罗伦萨大学园艺系资源保存圃中。意大利目前在资源圃中保存了125份柿资源，西班牙保存有35份柿资源，土耳其保存有74份，罗马尼亚有11份，捷克收集有28份；以色列专家认为以色列有本地柿品种3个，从日本引入品种4个，从中国引入品种10个，其中'Triumph'是主栽生产品种。

3. 我国柿种质资源现状

中国是世界上柿树栽培最早、面积和产量最多的国家，也是拥有品种资源最丰富的国家。从20世纪60年代开始，我国开始对柿种质资源进行调查收集鉴定评价工作，90年代开始柿的杂交选育，取得了初步结果。除20世纪80年代报道的'罗田甜柿'及其几个变异类型和近两年新发现的'甜宝盖''秋焰'属于完全甜柿外，其余品种均为完全涩柿，中国至今尚未发现有不完全甜柿和不完全涩柿的存在。中国的柿品种主要是历史上遗留下来的地方品种，少数为芽变和偶发实生品种。

国家柿种质资源圃最早是农业部与陕西省合办的第一批15个国家级果树种质资源圃之一，也是国内唯一设在陕西省的国家级柿树种质资源圃。1987年由农业部命名为"国家果树种质眉县柿圃"，1993年更名为"国家柿种质资源圃"，2003年在原址保存的基础上，将资源转移到西北农林科技大学校内试验农场内，重新建起了新的柿种质资源圃。目前国家柿种质资源圃分处两地，一处是1980年在陕西省眉县青化乡原陕西省果树研究所内建成的，另一处是2003年在国家农业高新产业示范区杨凌初步建成的新圃，挂靠在西北农林科技大学园艺学院。国家柿种质资源圃的任务就是对国内外柿种质资源有计划地调查收集、鉴定评价、整理编目、安全保存、交流和利用；保证国家柿种质资源圃所保存资源的安全和各项任务的完成，并开展与柿资源相关的研究，为柿的育种、生产和其他科研需要服务。

国家柿种质资源圃对柿品种资源进行调查和收集，共从国内外引入近缘种、野生种质、各地主栽品种和特异性状的品种资源830多份。这些资源分布于24个省（自治区、直辖市），已覆盖了我国（包括台湾省）柿能够生存的全部地区，并从日本、韩国、美国等国家引入我国短缺的柿种质资源，丰富了遗传基因。目前对柿资源圃内的柿种质资源在统一记载项目与标准的情况下对品种进行了详细观察记载和照相，建立了一套完整的品种记载技术档案及图片档案，形成了大量的资料（表2）。在鉴定的基础上，将发现的121个同物异名品种鉴定归并为33个，同名异物的品种有68个，并制作出柿品种果期检索表和柿品种花期检索表。

在柿资源的收集保存数量上，中国处于世界领先地位，在资源的鉴定评价方面，中国与日本还有较大差距。日本在20世纪30年代就完成了对保存

柿资源主要性状的鉴定评价工作，出版了柿种苗分类报告书，相当于柿品种的描述规范，并转入以培育甜柿新品种的育种工作，发布了多个甜柿杂交品种，为世界各国所引种试验。但是在对柿资源分子水平的研究上我国基本与国外同步。

4. 我国柿品种资源现状

我国的柿树栽培面积约占世界柿树总面积的80%，产量占世界柿果总产量的70%，均居世界首位。但我国原产和目前栽培的品种，除'罗田甜柿'外，其余均为涩柿（表3）。涩柿成熟后需人工脱涩、易软化、货架期短、许多品种加工性能不良。近年来由于劳动力成本迅速攀升及人们消费习惯的改变，涩柿生产效益持续下降而且不稳，部分产区和年份甚至出现滞销情况；加之涩柿脱涩保脆技术瓶颈难以突破，严重制约我国柿产业的健康发展，挫伤柿农的生产积极性，有的地方开始出现毁树现象，给生态环境也造成了一定影响。

20世纪80年代我国曾大量引种日本甜柿并开始进行研究，先后引进甜柿品种40多个，分别在陕西、河北、浙江、湖北、云南、河南、江苏、山东、广西等地引种栽培，取得了良好的效益。但目前我国甜柿栽培面积和产量均占整个柿树面积的2%左右，而且主要在陕西、云南、湖北、河南、山东

表2 柿种质资源记载统计表（童敏，2008）

项目	份数
柿资源的编目	324 份
柿资源农艺性状观察及评价	338 份
柿资源的品质鉴定	290 份
柿资源的抗寒性鉴定	212 份
柿资源圆斑病田间调查	385 份
柿人工接种鉴定	21 份
柿资源脱涩难易程度鉴定	282 份
柿属种及品种的染色体倍数观察	64 份
柿品种的单宁细胞形态特征观察	103 份

表3 全国柿品种分布统计表

原产地	总数	主栽品种
陕西	225	'眉县牛心柿''尖柿''火晶''干帽盔''火柿'
山东	106	'小萼子''荷泽镜面柿''旗杆顶''金瓶柿'
福建	93	'安溪油柿''诏安金饼柿'
河南	91	'荥阳水柿''鬼脸青''博爱八月黄''罗田甜柿'
山西	89	'枯蜜柿''暑黄柿''孝义牛心柿'
浙江	89	'铜盆柿''新昌牛心柿''高方柿'
湖北	62	'罗田甜柿''南漳柞头柿''干帽盔'
河北	44	'磨盘柿''绵瓤柿''大红袍''满天红'
安徽	35	'灯笼柿''罗田甜柿'
云南	28	'文山火柿''西畴圆水柿'
江西	23	'高安方柿''于都盒柿'
甘肃	21	'文县膜膜柿''成县尖尖柿'
贵州	19	'贵阳水柿''惠水盘柿'
山东	14	'花县大红柿''兀霄柿'
山西	12	'恭城月柿''阳朔牛心柿'
四川	11	'干帽盔'
江苏	11	'海安小方柿'
湖南	3	'祁阳黄柿'
北京	3	'磨盘柿'
天津	1	'磨盘柿'

注：表内各省（自治区、直辖市）之间品种有交叉重复。

等地区，栽培面积小，开发潜力大（刘少群等，2011）。除'罗田甜柿'外，形成商品的主栽品种为'次郎''阳丰''西村早生'等。

近20年来，全国各地新选育、报道以及推广的中国原产柿品种资源共有10个，其中审定品种3个，地方优良品种7个，这些品种在当地栽培数量多，品质优良，效益高（李高潮等，2006）。

（1）宝华甜柿　湖北省罗田县地方品种，2001年通过湖北省林木良种审定委员会审定，为完全甜柿。与君迁子嫁接亲和力极强。果实扁方圆形，果顶广平微凹，橙红色，单果重180～250g，种子1～2粒，可溶性固形物18.6%，味浓甜，品质上等。在武汉地区9月下旬成熟，耐贮运。

（2）鄂柿1号　原产湖北省罗田县，2004年通过湖北省农作物品种审定委员会认定，为完全甜柿。又名秋焰、阴阳柿。果实扁圆形，平均单果重180g，种子0～2粒，可溶性固形物19.7%左右。雌雄同株，有少量雄花。与君迁子嫁接亲和力强，单性结实能力强。果实10月上中旬成熟，室温下可保脆20天左右。

（3）火晶1号　系西北农林科技大学园艺学院与西安市临潼区林业局从'临潼火晶柿'中优育出的大果型优良单株，2004年通过陕西省林木良种审定委员会认定。

（4）胎里红　山西省永济市地方涩柿品种，因在果实尚未成熟时外表发绿、内部果肉发红而得名。自1996年以来，由于果商的媒介作用，得到大规模发展。果实扁圆形，平均单果重97g，最大果重103g，可溶性固形物20%以上，风味浓甜，品质上等，易脱涩，耐贮运。果实7月20日开始采收、出售，成熟期在8月中下旬。

（5）永定红柿　福建省永定县地方优良品种。自20世纪80年代以来，红柿生产发展较快。柿产业已成为闽西农业八大产业之一，其中永定县古竹乡的红柿面积超万亩，年产量达1000t，成为福建省面积最大、产量最高的红柿生产基地。

（6）松坪无核柿　原产于云南省云龙县，扁方形，平均单果重163g，最大果重195g，无种子，可溶性固形物21.5%，品质上等，鲜食、制饼均优，为当地优良品种，正在扩大发展。

（7）千岛无核柿　浙江省淳安县的传统名特产品，已有600多年的栽培历史。果实圆锥形，平均单果重170g，最大果重250g，可溶性固形物16%～17%，品质上等，耐贮藏，现为浙江省优质水果品种。

（8）秋红玉　湖北省农业科学院果茶蚕桑研究所从罗田县地方品种中选育的完全甜柿单株。果实圆形，单果重151～220g，可溶性固形物19%～23.5%，种子2～3粒，味极甜，品质上等。果实10月上中旬成熟，极耐贮藏，常温下保脆期约45天。与君迁子嫁接亲和力强。

（9）甜宝盖柿　湖北省麻城市盐田河地方品种，为完全甜柿，母树有130余年的树龄，树干无嫁接口，系偶发实生变异。果实有盖，似磨盘柿，橙红色，平均单果重205g，最大果重260g，汁液极多，可溶性固形物17%～20%，品质上等，易结种子，在授粉充分情况下高达5～8粒。耐贮藏，常温下硬果期25天左右。与君迁子嫁接亲和力极强，树姿直立。在陕西杨凌，果实于10月下旬成熟。

（10）三代斤柿　又名车串柿、黄金柿，系河南省地方品种，因春、夏、秋三季有开花结果现象，且果实特大而得名。果实纺锤形，纵沟4条，平均单果重300～350g，最大果重500g以上，可溶性固形物19%，无核，风味浓甜，品质上等。10月中旬成熟。树势强健，早果、丰产。

（11）宝珠甜柿　湖北省罗田县三里贩乡野生完全甜柿品种资源。果实很小，圆形，单果重13～16g。橙黄色，果肉脆，褐斑小且少，可溶性固形物18%，种子小，4～6粒，生理落果少。与君迁子嫁接亲和力强，树势强健，枝条半开张，全树仅有雌花。

（12）四方甜柿　湖北省麻城市盐田河乡野生完全甜柿品种资源。果实小，扁方形，单果重30～34g橙红色，果肉稍脆，汁液少，可溶性固形物18%，种子小，3～5粒。与君迁子嫁接亲和力强，树势中庸，枝条直立，全树仅有雌花。

（13）金枣柿　浙江省松阳县地方品种，中国原产唯一的二倍体柿品种资源其他中国原产柿品种均为六倍体，染色体倍性2n=2x=30。果实小，椭圆形，黄绿色，软熟后橙黄色，长3.5～4.5cm，直径2～2.5cm，单果重25～30g，无种子，可制柿饼。

通过鉴定、整理，中国有原产柿品种资源1058个，其中原产完全甜柿品种资源9个，其余均为涩柿。全国范围内建成10个"中国名特优经济林柿子之乡"，涉及中国原产完全甜柿品种'罗田甜柿'以及7个涩柿优良品种。作为宝贵的原始材料，这些原产柿品种资源，逐渐会在柿科研和生产中发挥应有的作用。

第二节
柿栽培现状

柿在日常生活中是用途多样的树种。柿果实营养丰富，含有大量脂肪、蛋白质、糖类等营养物质，以及钙、磷、铁等矿质元素和多种维生素，既可鲜食，又可加工成柿饼（图10、图11）、柿醋、柿果酒（图12）等；柿叶可做茶，柿漆可供油伞用（Cortés V et al., 2017）。柿树树姿优美，叶、果色泽艳丽，亦是一种良好的观赏树种。

一 世界柿产业现状

中国是柿的原产国，也是世界上柿树栽培面积最大和柿果产量最多的国家。据联合国粮农组织统计，2011年我国柿树收获面积72万hm²（占世界90.13%），产量305万t（占世界76.05%）。其他生产国依次为韩国、日本、巴西、阿塞拜疆、乌兹别克斯坦、以色列和意大利（图13）。中国柿果产量近20年增长约6倍。西班牙柿栽培面积由1992年6hm²增加到2012年3714hm²。目前，印度尼西亚、泰国、土耳其、摩洛哥、葡萄牙、新西兰等国也有柿的产业并正在开展相关研究；德国、斯洛伐克、匈牙利和保加利亚等国家开始试种。因此，从温带到亚热带、热带，从北半球到南半球均有柿的栽培，柿树正从东南亚特产逐渐成为一种新的世界性果树。

我国柿的收获面积占世界约90.13%，而产量仅占世界约76.05%。巴西柿的收获面积仅占世界1.03%，而柿产量则占世界3.61%；意大利柿的收获面积仅占世界0.32%，而柿产量则占世界1.17%。可以看出我国柿虽然栽培面积大，但单产低，不仅落后于日本和韩国，也远远落后于巴西、意大利等国家（图14）。

二 我国柿产业现状

据中国国家统计局统计，2011—2015年全国柿产量逐年增加，2015年全国柿果产量379.14万t，比2011年增加了60多万t（图15），柿主要产区在广西、河北、河南、陕西、福建、广东、山东、安徽等地，年产柿果超过10万t，其中广西、河北、河南为柿三大主产区，产量占全国半数（图16）。

1. 广西壮族自治区柿生产情况

近年来，广西柿在种植面积和收获面积变化不大的情况下，平均单位面积产量、总产量和产值得

图10 柿吊饼（冯锁劳 供图）

图11 柿饼（李晓鹏 供图）

图12 柿酒（张善宝 供图）

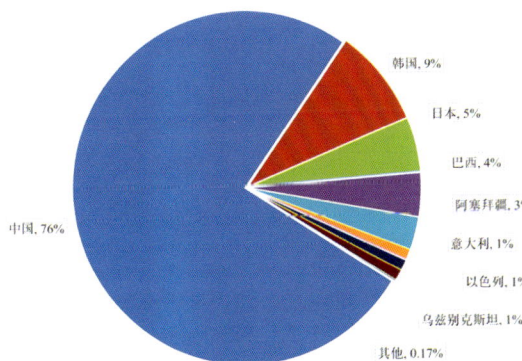

图13 2011年世界各国柿收获面积占世界总面积的比例（数据源自联合国粮农组织）

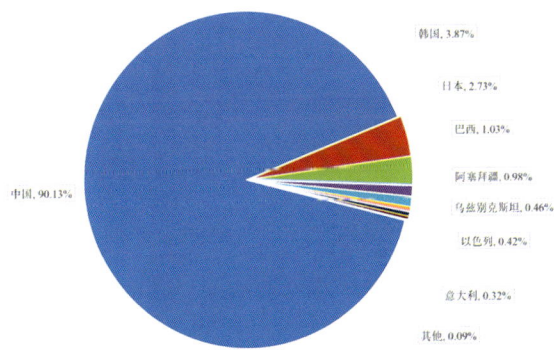

图14 2011年世界各国柿产量占世界总产量的比例（数据源自联合国粮农组织）

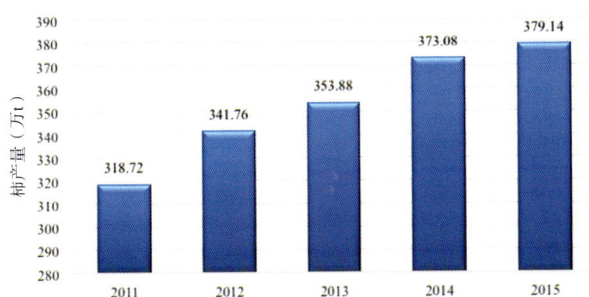

图15 2011－2015年全国柿产量（数据源自国家统计局）

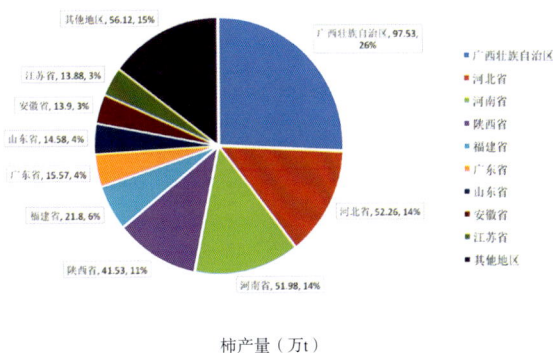

图16 2015年全国各地区柿产量（数据源自国家统计局）

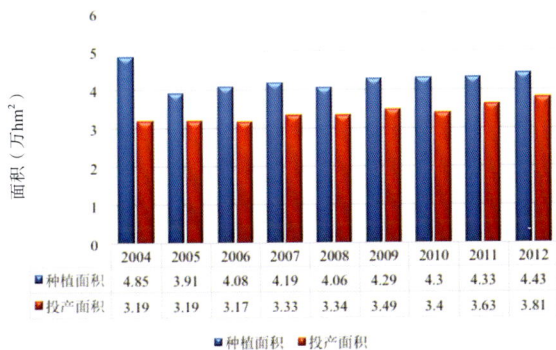

图17 2004－2012年广西壮族自治区柿栽培面积变化（邓立宝等，2014）

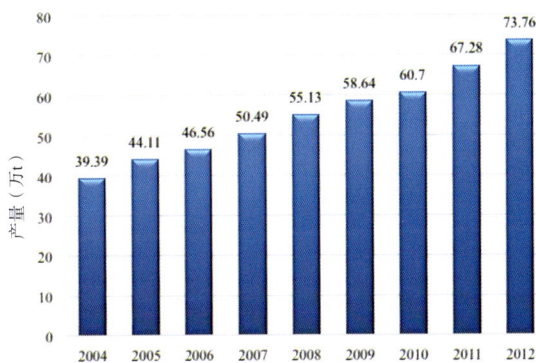

图18 2004－2012年广西壮族自治区柿产量变化（邓立宝等，2014）

到稳步提高（图17、图18）。在广西各地的柿生产中，桂林市种植规模最大，柿生产已成为当地农业的重要支柱产业，是农民增收的主要来源之一。其次是来宾市，贺州市、河池市、钦州市也有一定规模的柿栽培，其他地区柿栽培较少。各地的柿栽培管理水平差异较大，其中桂林市的栽培管理水平最高，梧州市和防城港市的柿管理水平最低。除鲜食外，广西壮族自治区的柿主要用于加工成柿饼，加工的产品主要销往日本、韩国、东南亚各国及我国的港澳地区和国内市场，提高了果农收入。

2. 河北省柿生产情况

河北省位于暖温带和亚热带的过渡地带，集南北两个气候带的优点于一体，气候温和，四季分明，光照充足，降水充沛，在全国属于柿的最适宜栽培区。2011—2015年，河北省柿产量并不稳定，2013年产量有一个较大的滑坡，比2012年产量少了5万t左右，之后产量稳定在52万t左右，产量位居全国第二位（图19）。

3. 河南省柿生产情况

河南省气候与河北省类似，也是属于柿的最适宜栽培区。河南省柿栽培广泛，生产量大，主要分布在洛阳、南阳、安阳、新乡、平顶山、焦作等地。近几年河南省柿产量变化不大，稳定在52万t左右，产量位居全国第三位（图20）。

虽然河南省柿栽培发展迅速，但是也存在一些问题，对优良柿品种的宣传、开发和推广力度不够，多数栽培品种还是本土品种或简易加工品种，品质差，不能适应市场的需求；品种混杂，产量不稳，生产上形不成主栽优良品种，优良品种的特性不能反映在商品性能上，也不利于对优良的柿种质资源的保存；零星栽植较多，缺乏先进技术，栽培上缺乏高产高效的优质丰产措施；产后环节薄弱，目前加工主要以柿饼、柿醋、柿霜糖为主要产品，贮藏和深加工技术有待进一步提高；产业化水平较低，从良种、栽培、采后处理到深加工都还远达不到产业化水平，产业链条还没有形成。

4. 山东省柿生产情况

山东柿栽培历史悠久，种质资源丰富，为山东果树主栽树种之一，主要山东柿属植物主要有2个种，一个是生产用种，即柿，包括涩柿和甜柿2大类；另一个是君迁子。柿生产栽培主要集中分布在鲁中南山区，包括潍坊的青州和临朐，临沂的沂水、费县和苍山，济南的历城、长清，淄博的沂源、泰安以及莱芜等地。但是由于其他果树发展迅猛，柿占果品总量的比例越来越低，自2011年起，柿产量逐年降低（图21）。当前山东柿生产存在的问题主要是区域布局不尽合理，甜柿面积较小，良种化程度低，某些产区存在管理粗放、产量低、果实品质差、商品率低等问题。

三 我国柿产业前景

柿虽然具有很高的营养价值，然而吃柿的人远没有吃苹果、香蕉的人多，柿子作为土特产品，也没有远销海外。原因是中国的柿基本是涩柿，涩柿成熟后需要脱涩才能食用，而现行的脱涩技术，使柿子脱涩后即变软、变黑，不便于贮运，摆不上货架；另一个重要原因是柿的加工品种太单调，除了带白霜的柿饼外，市场上很少见到其他柿加工品。以上问题直接影响了柿的市场销售，以致一些地方出现柿销售难、果贱伤农的现象；此外，柿在生产栽培、管理、品种等方面也存在诸多不足。如品种单一、管理粗放、树体高大等，至今仍少见集约化经营、现代经营、现代化管理的柿园。

加入世贸组织后，加快我国柿发展有一定的优势。一些农业大国如美国、加拿大、澳大利亚、法国等基本不生产柿，不会冲击国内市场，也不会对我国柿出口形成竞争。日、韩均属农业小国，而且同中国相似也属于小农经济，两国的柿生产成本比我国高，不会对我国占领国内外柿市场形成太大竞争。近几年，柿价格稳中有升，使许多柿产区将柿作为重点果品扩大栽培面积，具有广阔的发展前景。

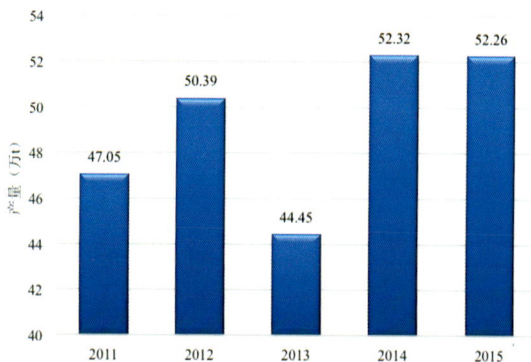

图19 2011－2015年河北柿产量变化（数据源自国家统计局）

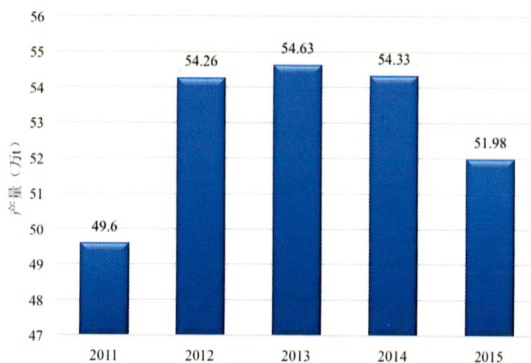

图20 2011－2015年河南柿产量变化（数据源自国家统计局）

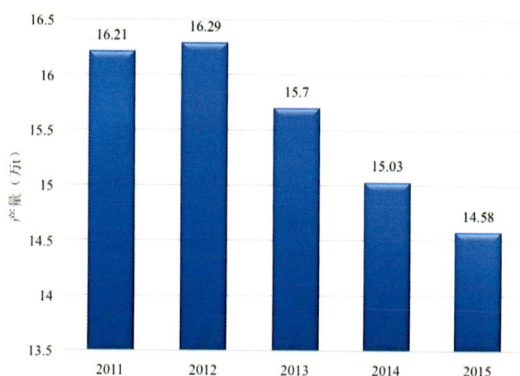

图21 2011－2015年山东柿产量变化（数据源自国家统计局）

第三节
柿育种研究进展

世界上柿共有上千个品种，根据果实脱涩与种子产生的挥发性产物间的关系可分为完全甜柿（PCNA，Pollination-constant and non-astringent）和非完全甜柿（non-PCNA）两类；后者又可细分为不完全甜柿（PVNA，Pollination-variant and non-astringent）、不完全涩柿（PVA，Pollination-variant and astringent）和完全涩柿（PCA，Pollination-constant and astringent），其中的涩柿（中国上市的柿大多数属于此类）必须在采摘后先经人工脱涩后方可供食用。由于柿本身单宁含量高、脱涩不宜完全、贮藏期短，相对苹果、梨等大宗水果的受欢迎程度还有较大差距，因此在育种研究和选育新品种方面投入较少，并且基础相对薄弱。尽管如此，国内外学者仍坚持不懈地进行柿品种改良及育种研究，致力于柿的进一步发展和推广。

纵观柿遗传改良的历史和现状，芽变选种和常规杂交育种在日本取得显著成效，进行的芽变选种常有新品种推出，但因缺少基因重组，其变异范围和程度有限。日本以国立果树研究所（原农林水产省果树试验场）为主，自20世纪30年代开始持续至今的品种改良计划，主要以培育早熟、大果和优质的完全甜柿为目标。但现有甜柿亲本起源于以日本近畿和东海地区为中心的狭隘区域，其遗传一致性高，长期的近亲交配已经导致杂交后代在果实大小、树势等方面出现近交退化（Yonemori *et al.*，2000）。而且，目前生产上的主栽品种大都无雄花，选择适宜的亲本比较困难，因而将优良基因传递给子代的过程效率很低，盲目性较大。此外，日本原产完全甜柿类型（简称日本甜柿）的自然脱涩为质量性状，对非完全甜柿性状为隐性，只有完全甜柿间相互杂交才能获得100%完全甜柿后代；而完全甜柿与非完全甜柿杂交，F₁代全部为非完全甜柿，即使再与完全甜柿回交，BC1中完全甜柿个体比例仅15%左右（六倍体遗传特点）（Ikeda *et al.*，1985）。可见，柿的遗传改良较其他果树更为困难，因此导入新的基因资源和改进育种技术是世界范围内甜柿育种取得重大突破的关键所在。

世界上柿主产国除了发掘和收集本国的柿品种资源外，也都非常注重从其他国家引入本国所没有的品种，以丰富本国的柿遗传基因库。我国的国家柿种质资源圃直接从日本引入日本原产柿品种63个，韩国原产品种5个，我国台湾省品种2个，引入的我国短缺的一些资源，如优良的甜柿资源、优良加工品种资源、雄性资源及特异种质资源。这些品种资源的引入，丰富了我国柿遗传基因，填补了我国柿资源地区上的空白，而且为调整生产品种结构和培育新品种创造了条件。日本也从我国、韩国、美国引入本国所没有的柿资源。日本的主要甜柿品种也被美国、意大利、法国、智利、新西兰、澳大利亚、韩国等各国引入，进行生产和研究。

一 有性杂交育种

柿有只着生雌花的雌株和雌雄同株异花的杂性株，也有的着生完全花的完全花株，但优良的甜柿品种通常只着生雌花（罗正荣，1996），且非常罕见（表4）。例如我国柿种质资源圃收集到的560多份柿品种资源中，具有雄花的仅为22份。因此，在柿中选择优良性状的父本非常困难，将优良的遗传基因传递给子代的过程便存在很大的盲目性。另外杂交后代种子的形成能力在不同品种间有较大的差异，有些柿品种杂交种子胚非常容易出现败育现象（图22）。此

图22 柿种子败育（扈惠灵 供图）

表4 栽培柿品种花性多样性（罗正荣提供）

花性	品种
只着生雌花	'富有' '次郎' '平核无' '伊豆' '骏河' '西条'
偶有雄花	'裂御所' '晚御所' '堂上蜂屋' '四沟' '东洋一'
雄花着生少	'御所' '天神御所' '花御所' '藤原御所' '西村早生'
雄花着生多	'禅寺丸' '赤柿' '正月' '天龙坊' '绘御所' '丰冈' '猩猩' '大宫早生' '笔柿' '山柿'
雄花+完全花	'藤八' '正月' '绘御所' '夫妇柿' '猩猩'

外，常规的有性杂交育种需要的周期比较长，由于柿童期长，杂交实生苗要开花结果通常需要5～8年的时间。而且还需要大量的苗木，选育出优良的单株最少需要3000株后代群体。因此柿杂交育种费时费力，比较困难。但是有性杂交目前仍是柿品种改良的主要途径，通过有性杂交可以获得更多的遗传变异类型，为优良品种的选育提供丰富的资源。

日本是最早有目的有系统进行柿杂交育种研究的国家，经过半个多世纪坚持不懈的努力，取得了很大的进展和成果。1935年原日本农林省园艺试验场兴津支场（现改为国家果树科学研究所柑橘栽培室）开始进行以培育完全甜柿为目标的育种工作，1938年通过'花御所'和'晚御所'杂交，首次成功获得甜柿新品种'骏河'。1955年选育出'伊豆'，系'富有'×'A-4'（'晚御所'×'晚御所'）杂交，但此品种果实产量低、不耐贮藏。1967年通过'富有'×'次郎'杂交育成了优良新品种'阳丰'。1968年甜柿育种工作移到安芸津支场进行，并成功培育出'新秋' '丹丽' '锦绣' '大秋' '夕红'等品种。东京都农试场也进行甜柿杂交育种，通过'B-17'（'富有'×'晚御所'）×'花御'所杂交获得了早熟优良品种'东红'。日本经过70多年的努力已育成发表的完全甜柿品种有9个（杨勇，2005）。

韩国对柿的栽培和研究也比较重视，80年代中期建立了进永甜柿研究中心，其首要目标是培育新的甜柿栽培品种；之后1995年又兴建了尚州柿试验站，占地10hm²，主要进行涩柿的研究，其主要任务：一是选育早熟、无核、多汁的颜色鲜红的软柿，二是培育适合柿醋产业的高产、高糖柿；另外一个重要项目是建立大规模遗传体系。目前为止，已经收集了100多个柿品种，其中一些有潜力的品系正在评估之中。

其他非亚洲国家中，只有少数几个国家进行了柿育种研究。巴西目前是非亚洲国家中柿生产第一大国，1950年在巴西圣保罗的堪培那斯农业研究所发布的品种包括'花富有'（IAC15207），属完全甜柿，由'富有'和'花御所'杂交而成；'Pomelo'（PCA）'Rubi'（PCA）及'Kaoru'（PVA）等，均属于早熟高产类型，但这些品种的应用范围很有限。意大利是地中海地区主要柿生产国，佛罗伦萨大学园艺系1971年开始进行柿的育种工作，以获得新品种及砧木，其育种目标是大果、圆形或稍扁形，风味好，适合工业化用途的完全甜柿。已从90个杂交组合中获得大约5000个实生苗，并发现几个优良组合。其中的DOF186.2.034（PCNA）无论从果实大小、外观形状还是早熟性上都是最佳的。

　　20世纪80年代我国建立国家柿种质资源圃之后，柿相关研究逐渐增多，1992年中国林业科学研究院亚热带林业研究所开始进行的柿有性杂交育种工作，培育我国自育的甜柿新品种。谷晓峰等（2001）优化中国甜柿幼胚培养技术体系，在胚胎败育前将幼胚取出至培养基中发育成幼苗，避免胚发育中途退化而造成育种资源损失，提高杂种F₁代植株获得效率（鲁文静，2010）。立柿试管苗嫩枝高接技术体系，为试管苗转移至田间提供新方法。杂交后代试管苗在成年君迁子嫩枝上嫁接，当年成活接穗，第一年即可开雄花，第二年便可开雌花并坐果（范小花，2009）。以中国甜柿为亲本结合胚抢救技术和嫩枝高接技术，有效缩短育种年限（图23）。

二　选择育种

　　利用现有品种在繁殖过程中的自然变异作为原始材料培育新品系也是柿常规育种的重要手段之一，包括实生选种和芽变选种。柿最常见的选择育种是芽变选种。柿是六倍体多年生木本植物，由于环境条件如土壤、气候、栽培措施等的影响以及柿芽内分生组织细胞的突变均可造成不可逆芽变，因此，柿种内芽变的频率较高。利用嫁接方式繁殖，使变异性状得以固定并保存，为将来的研究、筛选和利用创造了有利条件，因此芽变选种在柿育种中占据着重要的地位。在柿生长发育阶段经细心观察和有目的的筛选完全可选出在某一性状上超过原品种的变异品种，从而直接应用于生产或作为品种改良的优异性状材料。如日本，在分布最广的'富有'和'次郎'两品种中，通过芽变选种已培育出很多新品种。'富有'早熟芽变品种有'松本早生'、中熟芽变品种'纹叶背'，而'松本早生'又有芽变'上西早生'；'次郎'的芽变品种较多，如：'前川次郎''一木系次郎''若杉系次郎'等，'前川次郎'芽变品种系'光阳早生'。日本涩柿品种'平核无'中发现了不同的芽变品种'刀根早生''大核无''杉田早生''孝士丸'。中国原产的一些涩柿品种在各地也发现了不同类型的变异，如浙江省的永康'方山柿'有'圆顶方山柿'和'尖顶方山柿'两个品种；山东省的历城'小面糊'有'圆顶小面糊'和'尖顶小面糊'两个品种；陕西'富平尖柿'有3种类型：大果型'升底柿'、中果型'牛心柿'、小果型'辣角柿'；中国原产甜柿'罗田甜柿'发现变异类型有5个：阴阳甜柿类型、宝盖甜柿类型、四方甜柿类型、小果甜柿类型和野生甜柿类型（图24）。

三　多倍体育种

1. 不同倍性材料间杂交

　　柿属植物天然存在二倍体、四倍体、六倍体、九倍体等，倍性较复杂。对于柿属植物多倍体的起源目前尚不清楚，有学者认为柿属植物多倍体系列的产生可能与2n配子参与的有性多倍化有关。例

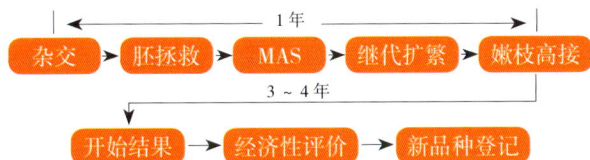

图23 中国甜柿遗传改良技术体系示意图（裴忟等，2013）

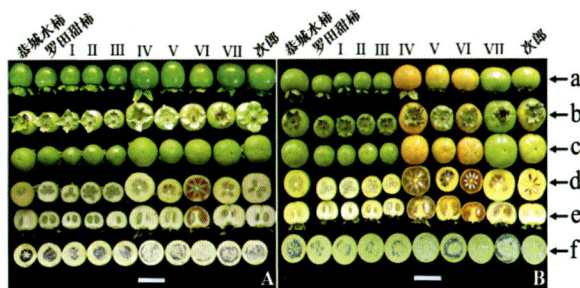

图24 '罗田甜柿'变异类型果实（罗正荣 供图）

如，二倍体的（2n+n）杂交产生三倍体，三倍体与其亲本回交产生四倍体，而三倍体自交则可产生六倍体（杉浦明，1999）。栽培柿中的完全甜柿全为2n=6x=90的六倍体有核品种，但甜柿的多籽降低了其食用价值。而'平核无''刀根早生''宫崎无核''渡泽'等少数日本无核涩柿品种为无核九倍体（3n=9x=135），表现为三倍体的染色体行为和伪单性结实特性（唐仙英，2000），生长发育正常。有学者推测九倍体柿品种的起源可能与2n配子参与的有性多倍化有关，因为在部分着生雄花的品种中确实有2n花粉的存在，其产生频率与基因型有关，也与环境条件有关。有研究者认为，2n花粉形成主要受八字形纺锤体和融合纺锤体等不正常减数分裂行为控制。日本学者Sugiura et al.（2000）用'禅寺丸'的2n花粉为'次郎'授粉，通过胚胎培养成功获得了一批九倍体的再生植株，但由于2n花粉的生活力较正常花粉弱，且萌发时间较正常花粉晚，故其授粉竞争力也不如正常花粉，而且，2n花粉与正常卵细胞受精结合后，由于胚乳平衡数的改变，其杂种胚早期退化，必须结合胚抢救技术才能获得九倍体杂种再生植株，此外柿属植物雄性种质资源少，2n花粉的供体就更少了（Ikagami A，2004）。Tao et al.（2003）发现在日本甜柿'藤原御所'中存在较多的2n花粉。天然的九倍体和2n花粉的发现为甜柿2n配子育种开辟了新的途径，为人工创制无核、大果的九倍体甜柿种质提供了可能性，即利用六倍体父本的2n花粉授粉同样是六倍体的具雌花的母本，通过胚抢救获得杂种，并从杂交后代中筛选九倍体。

2. 体细胞加倍

秋水仙素是多倍体育种中常用的一种化学药剂，利用秋水仙素可对六倍体的甜柿进行人工诱导从而获得十二倍体的再生植株，其减数分裂产生的配子与六倍体植株的倍性相同，与六倍体植株的配子进行杂交则有可能培育出九倍体新品种，从而推动柿遗传改良的进程。但是栽培品种染色体数目较多（2n=6x=90），而且单宁含量较高，组织培养过程中褐化严重，离体化学诱导加倍难度大。柿中最早通过秋水仙素诱导处理获得十二倍体植株的报道是日本甜柿'次郎'。我国的一些学者用秋水仙素对'罗田甜柿'进行诱导处理也获得了一些十二倍体的植株（谷晓峰，2003；陈绪中，2004），但利用变异的十二倍体植株与正常的六倍体植株进行杂交的试验还未见报道。

四 基因工程育种

由于果树常规育种方法生产周期长，还受到遗传性高度杂合及远源杂交不亲和性等条件限制，因此一些优良的遗传现状很难在杂交后代中表现和稳定遗传，现在一些柿属植物科研工作者希望通过基因工程技术提高柿的育种效率。基因工程又称重组DNA技术，是指将应用DNA克隆技术获得的目的基因插入到病毒、质粒或其他载体分子中，在构建遗传物质新组合后，将其导入原来没有这类分子的寄主细胞或个体，并能持续稳定地表达，从而产生出人类所需的新个体（陈正华，1986）。日本学者最早进行了柿基因工程育种研究，而国内河北农业大学和华中农业大学这方面也开展了较多的工作和研究，但是成功获得优良品种并在生产实践中推广应用的几乎没有。

Tao et al.（1994）获得了经发根农杆菌A4菌株介导的'富有''次郎'和'西村早生'3个甜柿品种的转化植株，并发现这些转化植株具有矮化性状。1997年，Tao等建立起农杆菌介导的柿遗传转化体系，并将苏云金杆菌（Bacillus thuringiensis）的crylA（c）基因导入'次郎'，获得抗虫植株；Gao et al.（2000，2001）等将胆碱氧化酶基因和苹果中编码依赖NADP的6-磷酸山梨糖醇脱氢酶的cDNA片段导入'次郎'获得抗盐植株。

柿属于跃变型果实，采后快速释放大量乙烯使得果实容易软化，不耐储藏。货架期短，因此研究与柿采后贮藏相关的转基因报道相对较多。乙烯对跃变型果实的成熟过程有重要的调节作用，未成熟的果实可通过内源或外源乙烯的作用而加快成熟的过程。在高等植物中，乙烯的生物合成主要通过ACC合成酶ACS基因和ACO基因的表达，在转录水平上进行调节。申晓鸿等（2007）以'次郎'柿叶片为材料，通过农杆菌介导的遗传转化体系，将乙烯前体ACC合成酶的RNAi基因导入'次郎'柿中，并获得了再生抗性植株。刘艺等（2009）则以'上西早生'柿叶片为材料，进行了ACC氧化酶的转基因研究，获得了4株抗性植株，初步证明ACC氧化酶基因已经转入'上西早生'柿组培苗。刘永巨等

（2009）将ACC合成酶和ACC氧化酶两者的反义联合基因导入到'次郎'的组培苗中，经PCR检测获得了8株转基因植株。

单宁是影响柿果实口感的一个重要因素，可溶性柿单宁的生物合成途径隶属原花青素途径（Proanthocyanidins，PA），简称PA途径。花青素的生物合成会受到酶基因表达调控的影响，而这些基因本身也受到调控因子的影响，当前的研究结果表明，在PA途径中，*MYB*转录因子通过对酶基因的表达调控对原花青苷的生物合成有间接影响，从而对浓缩单宁转录调控起到重要作用。有研究人员发现，*MYB*转录因子家族中的*DkMYBa*基因的表达与单宁的表达一致。江丽萍等（2009）以中国甜柿'小果甜柿'为研究材料，对其*DkMYBa*基因进行了克隆并转导，对*DkMYBa*转录因子基因表达的分析结果发现，其在5月到7月中旬表达，8月11日后表达终止，这与中国原产甜柿单宁生物合成量在5月到7月增加的趋势相符。通过对单宁合成途径的研究，使得未来培育出能抑制可溶性柿单宁生物合成的甜柿新品种成为可能，这将大大提升柿的品质和商品价值。

但是，基因工程常用的载体农杆菌具有较高的变异率（约为10^{-6}），质粒易丢失，以及抗生素的敏感性下降，故遗传转化率较低，限制了柿转基因育种的进展。另外，由于柿作为地方品种，相对其他水果重视程度不高，因此柿转基因研究及其他现代生物技术在柿中的应用研究水平还有待进一步提高。

五 分子标记辅助育种

柿童期较长，若在杂交F₁代结果后再进行育种第一次选择，严重延长了育种周期，而开发与育种目标性状基因连锁的分子标记，利用分子标记辅助选择可以明显提高选择效率。Kanzaki et al.（2007）利用BSA-AFLP技术，筛选出一对能区分日本甜柿与非完全甜柿的候选引物EACC/MCTA-400，所有日本甜柿不带该标记，近一半非完全甜柿带该标记。由AFLP标记转化的RFLP标记可100%区分完全甜柿和非完全甜柿42个杂交后代，完全甜柿不带该标记。为简化实验操作并扩大RFLP标记的应用范围，Kanzaki et al.（2009）设计了E4/E9r、E4/A2r等引物并开发为SCAR标记，成功鉴定'会津身不知'BC1

完全甜柿个体，但无法鉴定'黑熊'。根据控制甜涩性状基因插入的片段侧翼序列设计了3对SCAR引物，该标记能有效鉴定'黑熊'且其可靠性在其他品种后代群体中也得到了验证（Kanzaki et al.，2010）。中国甜柿与日本甜柿自然脱涩基因的遗传特性有明显区别（Ikegami et al.，2004；2006），可鉴定日本甜柿的SCAR标记不能鉴定'罗田甜柿'等中国甜柿（Akagi et al.，2010；2012）。利用BSA-AFLP技术分析中国甜柿'罗田甜柿'和日本甜柿'晚御所'杂交F₁代单株，从384对引物中分离出3对与中国甜柿自然脱涩基因连锁的引物并成功将其中一对引物转化为SCAR标记（RO2）。此后，RO2标记被用于分子标记辅助育种中鉴定中国甜柿类型（Ikegami et al.，2011）。Pei et al.（2013）在更多基因型（46份已知甜涩性状的柿属材料）中验证了该标记的可靠性。柿优质栽培品种大多数只着生雌花，然而个别品种开花习性为雌雄同株如'太秋'。该品种鲜食品质极佳，但是易着生雄花，尤其在树势稍弱的情况下会着生大量雄花，严重影响柿果产量而导致很多果农不愿种植'太秋'。（Akagi et al.，2014）等采用混合群体分离分析法将君迁子（2n=2x=30）F₁群体按花性表型分别构建雌性和雄性基因池，发现两个AFLP标记DlSx-AF4和DlSx-AF7与雄性性状共分离，推测君迁子性别由单基因位点控制，且雄性为显性性状。从DlSx-AF4中获得512对引物，发现其中一对引物E-TGT/M-AAT可以开发为SCAR标记，即与君迁子（雌雄异株）雄性性状紧密连锁的SCAR标记DlSx-AF4S（张平贤等，2016）对167份已知性别的柿种质进行DlSx-AF4S标记检测，其中158份材料检测结果与实际花性一致，鉴别率达94.6%。利用DlSx-AF4S标记在早期淘汰有着生雄花特性的F₁代，提高育种效率。

中国柿品种资源丰富，种内变异复杂，资源可利用的潜在价值巨大，只要在田间认真观察，就有可能发现有益的变异类型，而迅速获得应用。我国的柿杂交育种工作起步较晚，利用中国原产的完全甜柿品种与引自日本的优良完全甜柿品种进行杂交，有可能培育出来自不同起源的完全甜柿新品种。高新技术在柿育种中的应用前景十分广阔，通过分子标记、转基因、细胞工程等技术获得中间材料，常规育种与高新技术相结合将会加快柿新品种培育的进程。

第四节
柿地方品种调查与收集的重要性

种质资源是指培育新品种所用的原始材料，包括栽培品种、半栽培品种、野生类型及人工创造的新类型（Chen X et al.，2016）。其作为基础理论研究、培育新品种等重要的资源，不仅可以保留濒临灭绝的物种，保存对人类和自然具有重要、甚至是未知作用的基因，而且可以为其他学科的研究和科技创新提供研究材料和重要的科学数据。因此，各国都积极地进行收集、鉴定和保存工作。例如，国际生物多样性中心〔原国际植物遗传资源研究所（IPGRI）〕、美国国家植物遗传资源中心（PGRB）、日本国立遗传资源中心等都是各国收集、保存和研究种质资源的专门部门。果树产业作为世界农产品生产三大项之一，一直都受到各国政府的重视和支持。果树种质资源是重要基因库，自20世纪60年代以来，逐渐得到了各国政府的重视，并陆续开展了种质资源的收集、保存和鉴定工作，通过建立资源圃加以保存。

一 保护种质资源的迫切性和重要性

在现代育种取得显著成就的同时，生产上使用的品种有遗传基础日益贫乏的趋势。其原因是：在育种中，人们总是按照一定目标，沿着一定方向进行选择，选择的时间越长，强度越大，品种的遗传基础也就越窄；杂交育种中使用的亲本，越来越集中到对当地条件最能适应、综合性状最好、配合力最佳的少数几个品种上，如美国自20世纪初以来大面积推广的大麦品种所涉及的亲本，总共只有11个品种，中国自20世纪50年代起的30多年中，各地育成的小麦品种的主要亲本也只有十几个品种，这样就导致众多品种之间的亲缘相近；新品种的不断

育成和推广，使原有老品种特别是地方品种逐渐被淘汰，常未作为种质保存下来，致使许多有益的基因随之丢失；随着农田基本建设规模的扩大和耕作栽培制度的改革，农田生态环境条件的差异日益缩小，致使许多作物的多样性变异失去了生存条件，水库、工厂、道路等设施对农业生态环境的破坏，还使一些野生种失去了适宜的生存环境而濒临绝灭（图25、图26）。由于以上原因而产生的作物遗传基础的狭窄性，以及育种工作的进展，使作物种质资源搜集和保存的重要性愈益突出。预期在未来的农业中，作物种质资源的丰富程度和有关研究工作的深入程度将决定作物育种的优势。

种质资源是极其珍贵的农业遗产与自然资源。随着自然资源的破坏、生态环境的破坏以及新品种或杂交种的推广，使得很多老品种，特别是古老的地方品种逐渐被淘汰，因而使通过长期人工选择与自然选择所形成的某些重要遗传资源有消失的危险。而且新品种代替老品种进行得很快，往往出现在一个国家或地区内大面积推广某一两个经济价值高的优良新品种。一旦气候条件发生变化，或者出

图25 高速路旁的柿树（曹秋芬 供图）

图26　田间的柿树（曹秋芬　供图）

现新的病害，就会造成毁灭性的损失，这种植物种质流失的严重后果已逐渐被人们所认识。

二　收集地方品种种质资源工作的必要性

地方品种又称农家品种，是指那些没有经过现代育种手段改进的，在局部地区内栽培的品种，还包括那些过时的和零星分布的品种。其在特定地区经过长期栽培和自然选择而形成的品种，对所在地区的气候和生产条件一般具有较强的适应性，并包含有丰富的基因型，具有丰富的遗传多样性，常存在特殊优异的性状基因，是果树品种改良的重要基础和优良基因来源。这类种质资源往往由于优良新品种的大面积推广而被逐步淘汰，它们虽然在某些方面不符合市场的需求，或者适应性不够广泛，但往往具有某些罕见的特性，如适应特定的地方生态环境，特别是抗某些病虫害，或适合当地特殊的习惯要求以及具备一些在目前看来还不特别重要的某些潜在有利性状。因此在种质资源收集时，需要特别加以重视。发达国家已经将其原产果树树种的地方品种进行了详细的调查和搜集。近年来，欠发达

国家也已开始重视地方品种的调查和收集工作，其中土耳其收集了无花果地方品种225份、杏地方品种386份、扁桃地方品种123份、榛子地方品种278份、核桃地方品种966份。美国很早就重视种质资源的收集，并于1958年建成世界上第一个现代化种质库（卢新雄，2008）。美国国家果树无性系种质库（National Clonal Germplasm Repository, NCGR）的建立也是始于20世纪80年代，即从1980年开始在俄勒冈州建立了第一个国家果树无性系种质库后，又相继在得克萨斯州、加利福尼亚州、纽约州、夏威夷州、佛罗里达州等地建立了7个国家果树种质资源库，保存的种质资源有所不同。据不完全统计，截止到2012年5月，美国的8个国家果树种质资源库保存果树达46种，保存种质材料总数约40000余份，保存苹果、梨、葡萄、柑橘、核桃、李等主要果树资源数达约19000份（任国慧等，2013）。我国自20世纪60年代开展果树种质资源的收集工作，截止到2010年，我国的18个国家果树种质资源圃保存了约25种果树的15000余份种质材料，苹果、梨、葡萄、杏、枣、柿、荔枝主要果树种质资源保存了14000余份，其中我国原生树种如枣、枇杷、荔枝、龙眼和

柿的收集居世界前列（贾定贤，2007）。

由于农业发展的先进性，国外发达国家较早认识到植物种质资源收集的重要性，在美国、欧洲等发达国家，果树生产大多以大中型的果园农场进行生产，小型果园或类似我国农家形式的生产较少。这种类似工业化生产的模式给生产者带来巨大方便快捷的同时也同样造成了果树品种单一、许多优良的自然突变被忽略，因而在一定程度上来说对于果树的自然育种是不利的。由于社会历史的原因，我国果树生产大都以农户生产方式存在，果园面积小，经济效益低。这种农户型的生产方式有着种种弊端，但同时也为自然突变所产生的优良品种提供了可以生存的空间。农户对于自家所生产的品种比较熟悉，通过自然实生、芽变或自然变异所产生的优良性状的果树品种能够被保留下来，在不经意间被选育出来，成为地方品种。地方品种具有相对优异的性状，是短期内改良现有品种的宝贵资源，如'火把梨'是云南的地方品种，广泛分布于云南各地，呈零散栽培状态，果皮色泽鲜红艳丽，外观漂亮。中国农业科学院郑州果树研究所1989年开始选用日本栽培良种幸水梨与'火把梨'杂交，育成了品质优良的'满天红''美人酥'和'红酥脆'三个红色梨新品种，在全国推广发展很快，取得了巨大的社会、经济效益，成为成功利用地方品种的典范。但由于这种方式所产生的品种没有经过任何形式的鉴定评价，每种品种的数量稀少，很容易随着时间的流逝而灭绝，如甘肃省兰州市安宁区曾经是我国桃的优势产区，但随着城镇化的建设和发展，现在桃树栽培面积不到20世纪80年代的1/5，在桃园大面积减少的同时，地方品种也大幅度流失。'兰州软儿梨'也是一个古老的品种，但由于城镇化进程的加快，许多百年以上的大树被砍伐，也面临品种流失的威胁。

鉴于此，新中国成立后，党和政府十分重视果树事业的发展。国务院在1956年拟定的全国科技远景规划中提出："要调查、收集、保存、利用我国丰富的果树品种资源"。农业部也发出了"关于全面收集整理各地农作物农家品种工作的通知"。1958年全国各省（自治区、直辖市）相继进行了果树资源普查。中国农业科学院果树研究所（一部分后来南下黄河故道地区的郑州市，即后来成立的中国农业科学院郑州果树研究所）为了推动此项工作

的开展，先后召开了西北、华东、新疆、云贵及两广等13省（自治区、直辖市）果树资源调查座谈会。到1960年，全国已有18个省（自治区、直辖市）基本完成了野外调查任务。

由于首次普查工作的成果因为历史的原因大多得而复失，1979年果树资源考察工作重又提上日程。1979年初，农业部召开"第一届全国农作物品种资源科研工作会"之后，中国农业科学院组织了对西藏、云南、湖北等省（自治区、直辖市）的考察。这部分工作中最具代表性的是中国农业科学院郑州果树研究所牵头成立全国猕猴桃资源调查组，组织各省（自治区、直辖市）有关研究单位开展的全国猕猴桃资源大普查。这次普查基本摸清了我国分布在云南、西藏等27个省（自治区、直辖市）的猕猴桃属植物资源，并主编出版了《中国猕猴桃》专著。该书至今仍被认为是世界唯一的权威性猕猴桃专著，并在"十五"期间出版了英文版，为我国乃至世界猕猴桃资源的研究和产业的持续发展奠定了基础。

应该说过去的资源考察工作取得了丰硕的成果，大体摸清了我国果树资源的分布、主要品种，出版了主要果树树种的果树志，建立了主要树种的国家级种质资源圃，以收集各树种的栽培种、地方品种、引进品种、野生种和近缘植物。截至目前，各国家级资源圃已累计收集了1674份桃资源（郑州729份、南京587份、北京285份、轮台68份、公主岭5份），1768份梨资源（兴城811份、武昌619份、轮台92份、公主岭246份），1164份苹果资源（兴城759份、轮台73份、公主岭332份），2020份葡萄资源（郑州1185份、太谷382份、左家400份、轮台36份、公主岭17份），185份核桃资源（泰安142份、轮台42份、公主岭1份），156份板栗资源（泰安），565份柿资源（陕西），620份枣资源（太谷），560份李资源（熊岳450份、轮台35份、公主岭75份），758份杏资源（熊岳550份、轮台146份、公主岭62份），444份草莓资源（南京254份、北京190份），298份山楂资源（沈阳240份、轮台14份、公主岭44份），16份石榴资源（轮台），173份猕猴桃资源（武汉155份、公主岭18份），10份樱桃资源（公主岭）。其中苹果、梨、桃、葡萄等四大落叶果树树种收集的资源最多，资源收集较为完全，并且从国外引进了不少资源，这些树种资源调查和收集补充的任务相对

较轻。柿、枣、李、杏收集的资源数量居中，这些树种原产于我国，地方品种非常多，其中柿地方品种约有936份、枣地方品种有938份、李地方品种约有1000份、杏地方品种有1463份，现在已经收集入圃的地方品种仅占已知地方品种数量的40%~66%，有必要继续加强调查和收集工作。核桃、板栗、山楂、猕猴桃育成品种较少，收集的多为地方品种，但数量偏少，地方品种收集数量仅占已知地方品种数量的很少一部分。

而随着时代的发展和科研、育种工作的深入，种质资源调查的要求也发生了很大的变化。育种家们逐渐认识到现有栽培品种的遗传育种体系相对封闭，遗传多样性受制于其祖先亲本，遗传背景极为狭窄，育种性状提高的空间越来越小，亟需引入新的优异基因资源。地方品种因为积累了丰富的优良变异，且本身综合性状较好，逐渐成为新形势下育种家们迫切需要了解的资源。因此，为了保护和收集这些长期累积下来的优良地方品种果树资源，进行系统的调查迫在眉睫（图27）。

图27　柿相关科研活动（罗正荣 供图）

第五节
柿地方品种调查与收集的思路和方法

一 项目分工与管理

1. 项目分工

根据我国柿地方品种资源的分布区域性，中国农业科学院郑州果树研究所、南京农业大学、湖南农业大学、山西省农业科学院、广西特色作物研究院、云南省农业技术推广总站等单位联合调查我国各片区的柿地方品种资源。

2. 项目管理

（1）成立项目管理办公室，实现课题负责制 项目首席专家对课题目标、内容和任务负总责，制定课题设计方案、实施计划、任务目标，对总任务进行分解和落实到每一个参加人员，确保任务按时、保质保量完成。

（2）专款专用，为科研专项实施提供充足的资金保障 课题承担单位设立专用财务科目，专门用于科研专项的财务管理，对拨付的项目经费专款专用；制定了项目资金使用的财务分级审批制度；项目实施过程中，严格按照国家有关规定进行财务管理。

（3）项目检查、评估 在科研专项实施过程中，实施项目年度检查、评估制度，每年进行工作汇报、检查，发现问题及时解决，保障项目的顺利进行；及时准确将项目实施情况汇总上报科技部等部门。

（4）知识产权与成果管理及权益分配 项目实施完成后所取得的一切成果及以任何形式所形成的权益原则上属于国家所有，由课题参与各方共享，并对全社会同行开放共享。收集的地方品种资源入相应的国家种质资源圃保存。课题实施过程中所购置的仪器设备等归课题承担单位所有。

二 调查我国柿优势产区地方品种的地域分布、产业和生存现状

通过收集网络信息、查阅文献资料等途径，从文字信息上掌握我国主要落叶果树优势产区的地域分布，确定今后科学调查的区域和范围，做好前期的案头准备工作。实地走访主要落叶果树种植地区，科学调查主要落叶果树的优势产区区域分布、历史演变、栽培面积、地方品种的种类和数量、产业利用状况和生存现状等情况，最终形成一套系统的相关科学调查分析报告。

三 初步调查和评价我国柿优势产区地方品种资源的原生境、植物学特性、生态适应性和重要农艺性状

对我国柿优势产区地方品种资源分布区域进行原生境实地调查和GPS定位等，评价原生境生存现状（图28～图34），调查相关植物学性状、生态适应性、栽培性能和果实品质等主要农艺性状，并通过拍照、文字记录、特征数据记录、植株样品采集等方面，对柿地方品种资源进行初步评价、收集和保存。在进行实地调查之前，制定了一系列的调查标准，使调查工作具有统一标准，增加工作效率，最后可以形成高质量的柿地方品种图谱、全国分布图和GIS资源分布及保护信息管理系统。

1. 柿地方品种实地调查

由于以前的交通设施的限制，柿等资源调查工

图28 山西省柿地方品种调查（曹秋芬 供图）

图29 湖北省柿地方品种调查（李好先 供图）

图30 山西省柿原生境（曹秋芬 供图）

图31 甘肃省柿原生境（曹秋芬 供图）

图32 湖北省柿原生境（李好先 供图）

作受到限制。由于当时公路、铁路和交通工具均比较落后，许多交通不便的偏僻地方考察组无法到达，无法详细考察。而现在，公路、铁路和航空交通都较当时有了巨大的发展，给考察工作创造了很好的条件，使考察组可以深入过去不能够到达的地方，从而可能发现、收集并保存更多的地方品种资源。

项目组调查时对叶、枝、花、果等性状进行不同物候期进行调查，制定了统一的数据采集表，记载其基本信息、生境信息、植物学信息，并对其品质进行评价（图35）。

（1）基本信息　每个柿地方品种拥有唯一独立

采集编号，编号命名规则为唯一的采集编号，流水号，唯一数据表，采集编号规则为：子专题负责人姓全拼+名拼音首字母+采集者姓名拼音首字母+流水号数字（图36），并写明提供人的电话与住址和调查人的电话与单位；另外提供详细调查地点地址和地理数据，地理数据包括GPS数据，GPS读数格式：度、分、秒（如102°23'44"）。

（2）生境信息　地方品种的生境信息包括植株的来源及生长的地带、植被类型及小生境的情况，地方品种植株的伴生物种也即生长环境的建群种、优势种及标志种，影响地方品种植株生长的影响

图33 云南省柿原生境（房经贵 供图）

图34　山西省柿原生境（曹秋芬　供图）

图35　品种调查信息纪录（李好先　供图）

基本信息				
数据项	数据录入日期	采集编号	采集样本类型	采集者
数据说明	填写日期，按照"年-月-日"方式填写	填写子专题负责人姓全拼＋名缩写＋采集者姓名的首字母＋3位数字编号，注意不要重复	可选择一个或多个，选择选项为：枝、叶、茎、果实、种子、苗木、其他。选择多个时请用分号区分	填写采集者，如果有多个采集者，请用分号区分。
数据格式	日期	文本	文本	文本
范例	2014/1/11	FANGJGLYP001	枝条	李永平、章学虎、万双粉

图36　采集编号示例（李晓鹏　供图）

因子，植株生长地形及周围土地的利用情况，生长地的土壤质地，植株的种植情况等信息（图37～图40）。

（3）**植物学信息**　植物学信息包括地方品种的植株情况、植物学特征、果实性状、生物学习性四方面内容。植株情况包括植株类型、树龄、繁殖方法、树势、树形、树高、干高和干周，植株姿态；植物学特征包括枝条着生茸毛、枝条长度、枝条颜色等详细信息，叶片颜色、叶片茸毛着生情况、叶片大小和形状等信息，花序和花朵的特征信息；果实性状包括果实大小和形状、果实颜色、果肉特征、果粉情况、果实品质等信息（图41～图51）；生物学习性包括植株生长势，早果性和丰产性，物候期等。

（4）**品种评价**　品种评包括该品种的主要优点，用途，可利用部位，适应性极抗逆性等信息。

（5）**标本采集**　标本采集要求采集完整，每个地方品种采集3份，实地采集记录翔实准确，标本要准确鉴别、制作完整。完整的标本要求：采集完整，植株的茎、叶、花、果、地下部分、树皮、处于生

图37 公路旁边的柿树（李好先 供图）

图38 生于荒野的柿树（曹秋芬 供图）

图39 种植园中的柿树（曹秋芬 供图）

图40 田间的柿树（曹秋芬 供图）

图41 圆形果实（李晓鹏 供图）

图42 磨盘方形果实（李晓鹏 供图）

图43 磨盘卵圆形果实（李晓鹏 供图）

图44 长圆形果实（李晓鹏 供图）

图45 小型圆形果实（李晓鹏 供图）

图46 扁圆形果实（李晓鹏 供图）

图47 心形果实（李晓鹏 供图）

图48 磨盘扁圆形果实（李晓鹏 供图）

图49 长圆锥形果实（扈惠灵 供图）

图50 黑柿（吴国良 供图）

图51 黑柿不同着色状态（吴国良 供图）

长阶段的组织（叶芽、花芽、幼叶、幼枝）、异型花和叶片、花都要制成标本收集，花或果实的精细结构要另外保存。标本鉴定依据已经出版的《中国植物志》（图52～图60）。

(6) **图像采集**　利用先进的笔记本电脑和高性能的数码相机进行考察，把柿叶、枝、花、果等性状把品种图像较为准确和形象地记下来录。照片要求3～5张，图像按照片内容命名（如："生境""植株""花""果"）（图61、图62），放在一个文件夹内，文件夹用采集号命名（图63）。图像要求像素不低于300dpi，图像分辨率不低于 2048×1536，并且图像能准确反映改品种的特征（图64～图69）。

2. 柿地方品种资源圃的建立与遗传型和环境表型的鉴别

加强对主要生态区具有丰产、优质、抗逆等主要性状柿资源的收集保存，注重地方品种优良变异株系的收集保存，主要针对恶劣环境条件下的柿地方品种，注重对工矿区、城乡结合部、旧城区等地

图52 柿果实采集（扈惠灵 供图）

图53 柿树主干（扈惠灵 供图）

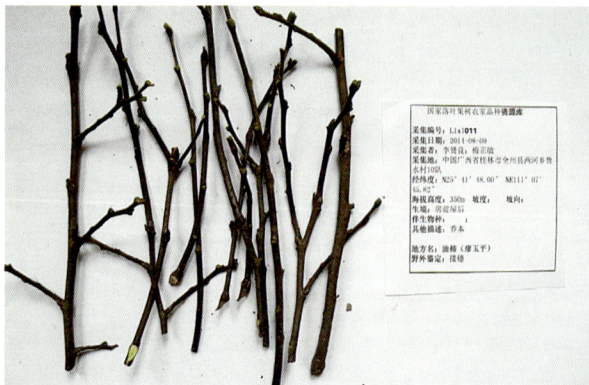

图54 柿枝条采集（李贤良 供图）

图55 柿树茎尖（李好先 供图）

图56 柿果实切面（扈惠灵 供图）　图57 未开放的柿花朵（扈惠灵 供图）　图58 柿花朵纵切面（扈惠灵 供图）

图59 果实品质测定（扈惠灵 供图）　　　　　图60 数据记录（扈惠灵 供图）

图61 错误的照片命名规则（李晓鹏 供图）　图62 正确的照片命名规则（李晓鹏 供图）　图63 各地方品种文件夹命名方式（李晓鹏 供图）

濒危和可能灭绝柿地方品种资源的收集保存。

收集的柿地方品种先集中到资源圃进行初步观察和评估，鉴别"同名异物"和"同物异名"现象。着重对同一地方品种的不同类型（可能为同一遗传型的环境表型）进行观察，并用有关仪器进行简化基因组扫描分析，若确定为同一遗传型则合并保存。对不同的遗传型则建立其分子身份鉴别标记信息。

柿已有国家资源圃，收集到的地方品种入其国家种质资源圃保存，同时在郑州地区建立柿地方品种资源圃，用于集中收集、保存和评价有关地方品种资源，以确保收集到的地方品种资源得到有效的保护。郑州地处我国中部地区，中原之腹地，南北交汇处，既无北方之严寒，又无南方之酷热。因此，非常适宜我国南北各地主要落叶果树树种种质资源的生长发育，有利于品种资源的收集、保存和

图64 柿树生境（曹秋芬 供图）

图65 黑柿植株（吴国良 供图）

图66 柿花（李好先 供图）

图67 黑柿结果状（吴国良 供图）

图68 柿果实（李好先 供图）

图69 柿叶片（李好先 供图）

评价（图70～图75）。

3. 柿基本性状的文字、图像数据库建立、GIS信息管理系统的建立

（1）柿地方品种资源重要性状数据库　利用柿资源圃保存的主要地方品种资源和实地科学调查收集的数据，建立我国主要柿优良地方品种资源的基本信息数据库，包括地理信息、主要特征数据及图片，特别是要加强图像信息的采集量，以区别于传统的单纯文字描述，对性状描述更加形象、客观和准确。

（2）开发柿地方品种GIS信息管理系统　对我国柿优良地方品种资源进行一次全面系统的梳理和总结，摸清家底。根据前期积累的数据和建立的数据库，开发我国柿优良地方品种资源的GIS信息管理系统，并将相关数据上传国家农作物种质资源平台，实现信息共享。

图70 柿嫁接保存（扈惠灵 供图）

图71 柿国家种质资源圃种植的'响潭牛心柿'（李好先 供图）

图72 柿国家种质资源圃种植的'襄垣柿1号'（李好先 供图）

图73 柿国家种质资源圃种植的'襄垣柿2号'（李好先 供图）

图74 柿国家种质资源圃种植的'石门馍馍柿'
（李好先 供图）

图75 柿国家种质资源圃种植的'鬼脸青柿'（李
好先 供图）

第六节
柿地方品种资源遗传多样性与品种鉴定

一 柿地方品种遗传多样性分析

1. 遗传多样性分析的重要性

遗传多样性是指地球上所有生物所携带的遗传信息的总和，但一般所指的遗传多样性是指种内的遗传多样性，即种内个体之间或一个群体内不同个体的遗传变异总和，种内的多样性是物种以上各水平多样性的最重要来源。柿是我国特有的果树之一，在我国已有超过三千年的栽培历史。我国是世界上主要的柿原产地之一，也是柿树栽培量最大的国家。我国柿种质资源丰富，分布广泛，大量的地方品种对自生境有着较强的适应性，含有更多优良基因。对柿地方品种进行遗传多样性分析，有助于进一步了解中国柿地方品种的起源与进化，推动柿地方品种生物学研究，有利于柿地方品种资源的保存和开发利用。

2. DNA标记的重要性

分子标记技术是在形态标记、细胞标记和生化标记后出现的一种新技术手段，以DNA多态性为基础，与上述其他标记手段相比，它具有不受季节和环境的影响，数量极其丰富，多态性高，表现为中性，不会影响到目标性状的表达等优点。其中SSR具有数量丰富，覆盖整个基因组，信息含量高；多态性高；共显性表达，呈现孟德尔遗传；位点的重现性和特异性好等特点，广泛应用于遗传图谱构建和多样性分析等工作。

3. 利用SSR标记对72份柿地方品种资源进行遗传多样性分析

基于已发表的NCBI公共数据库中猕猴桃属的EST（Expressed sequence tag，表达序列标签）开发的SSR（Simple sequence repeat，简单重复序列）分子标记，对包含地方品种在内的72份柿资源（表5）进行遗传多样性分析。采用的SSR标记信息见表6。

基于SSR标记的72份柿地方资源品种遗传多样性分析见图76。分析结果表明，所用标记几乎可以有效地将72份柿地方资源品种区分开。在遗传相似性系数为0.62左右时，可以分为3个亚群，分别记作Q1、Q2和Q3。其中，Q1包含31个品种，Q2包含29个品种，12个品种被分到了Q3中，表明大多数材料之间存在着显著的遗传差异。其中，c2和c3、c29和c44、c39和c56、c24和c57、c34和c45不能被有效区分开，表明这些材料对之间遗传关系较近。另外，不能被区分开也有可能与标记数目较少、覆盖精度不够有关。想要深入研究柿地方品种资源遗传变异，揭示更多的遗传信息就需要开发高通量的分子标记。总之，地方品种资源材料是对现有柿资源品种的有效补充。本研究首次采用分子标记技术对柿地方品种资源进行了遗传多样性分析，该研究表明柿地方品种资源有较高的利用价值，有可能成为柿新品种选育及遗传研究的可利用资源。

二 72份柿地方品种品种鉴定图（CID）的建立

1. 品种鉴定的意义

DNA分子标记可以直接反映不同植物品种间DNA水平上的差异、高度专一性和特异性、信息量大、操作方便、遗传稳定，不受环境因素影响等优势，要使DNA标记很好地应用于作物品种鉴定，还需要能将DNA标记鉴定的DNA指纹转化为可以在品种鉴定实践中能直接参考应用的信息。但是由于早期缺乏可将DNA标记转化为品种区分信息的措施，

表5 72份柿地方品种资源

品种编号	品种名称	品种编号	品种名称	品种编号	品种名称
c01	'柿某种1'	c25	'莲花盘柿'	c49	'竹竹柿'
c02	'柿2'	c26	'火罐柿'	c50	'昭宗次郎甜柿'
c03	'成县水柿1号'	c27	'皮匠娄柿'	c51	'鸡鸣柿'
c04	'襄垣柿2号'	c28	'汾阳斗心柿'	c52	'苏家柿'
c05	'水柿1号'	c29	'珠柿'	c53	'野水葫芦柿'
c06	'大门钉柿'	c30	'小云柿'	c54	'水柿'
c07	'线坠柿'	c31	'君迁子'	c55	'南城4号'
c08	'镜面柿2号'	c32	'成县水柿2号'	c56	'郭庄柿'
c09	'面柿'	c33	'柿某种6号'	c57	'苗苗柿'
c10	'面蛋柿'	c34	'甜柿'	c58	'大方柿'
c11	'柿某种5'	c35	'丰年牛心柿'	c59	'火柿'（CAOSYMXW006）
c12	'更名柿'	c36	'柿某种3'	c60	'半截缸柿'
c13	'雪花柿'	c37	'刘沟柿2号'	c61	'峪里牛心柿'
c14	'灰柿'	c38	'丹汾柿1号'	c62	'方柿'
c15	'胡孪头柿'	c39	'刘沟柿1号'	c63	'南城柿1号'
c16	'升柿'	c40	'丹汾柿2号'	c64	'牛心柿'（CAOQFXSY011）
c17	'合柿'	c41	'冻柿子'	c65	'磨盘柿'
c18	'斤柿'	c42	'小柿'	c66	'襄垣柿1号'
c19	'高庄柿'	c43	'月神柿子'	c67	'八月黄'
c20	'小红柿'	c44	'赣县牛心柿'	c68	'雁过红柿'
c21	'锥把柿'	c45	'鞍山柿子'	c69	'火柿'（CAOFMYP024）
c22	'重台柿子'	c46	'水盘盘柿'	c70	'满堂红柿'
c23	'牛心柿'（CAOQFXSY082）	c47	'四盘柿'	c71	'鸡心黄柿'
c24	'鬼脸青柿'	c48	'马奶子柿'	c72	'柿某种2'

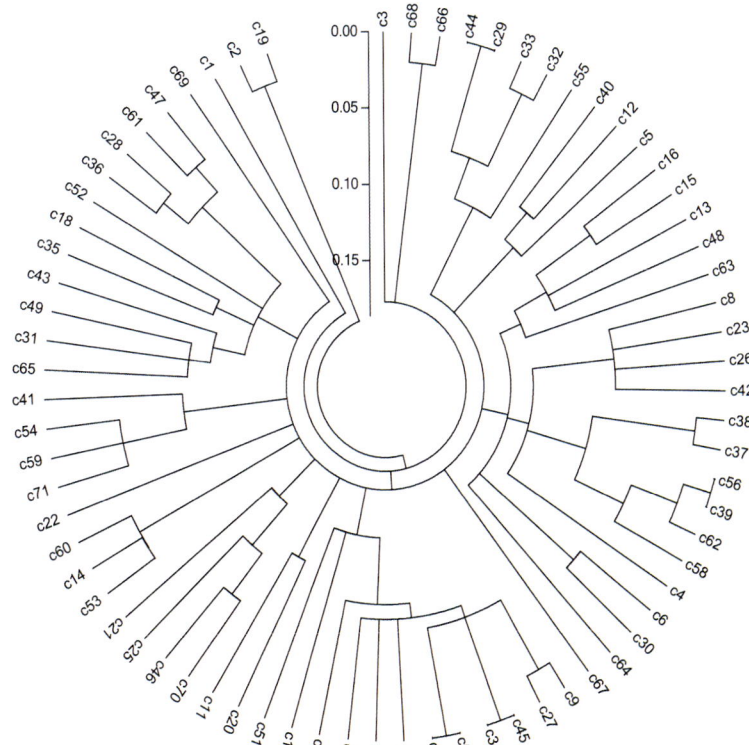

图76 72份柿资源遗传多样性分析（李晓鹏 供图）

很多DNA分子标记鉴定品种的研究成果难以达到服务于农业产业的目的。以往人们通过电泳谱带数据库、二元表和聚类分析等手段分析和处理DNA标记鉴定结果，但是这些手段无法将DNA标记鉴定结果转化为品种鉴定中简便、实用、直观的参考信息，所获得的鉴定结果实际上不实用性不大。

随着人工绘制品种鉴定简图法（Manual cultivar identification diagram, MCID）的研发和应用（Nicholas et al., 2012；王玉娟等，2012；Wang et al., 2012），DNA标记鉴定植物品种信息得以达到服务于农业生产的目的。MCID 通过人工手段将鉴定植物品种过程中所依据的DNA标记引物与相应的多态性谱带等信息标注于最终形成的品种鉴定简图（Cultivar identification diagram, CID），这样绘制的CID可以使DNA标记技术鉴定品种获得的结果转化为品种鉴定实践时可参考和利用的具体依据。如张晓莹等（2012）、王玉娟等（2012）和Wang et al.（2012）将RAPD分子标记应用于葡萄、石榴等植物的品种鉴定，获得的CID可以很好地提供鉴定这些葡萄或苹果品种中任何两个或多个品种所需要的引物以及多态性谱带等信息。DNA分子标记技术与MCID的结合使DNA分子标记在植物品种鉴定上的优势得到充分发挥。

MCID法的创新之处在于利用每一步获得的多态性标记将植物品种加以区分时不仅人工结合相应的鉴定结果画出对应的品种鉴定图，而且在CID的该处标出PCR所利用的特定引物以及选用的多态性标记（以其大小表示）。即有扩增带的归类为一组，无带的归类为另一组，而不是仅仅依靠某一对引物在某一个品种扩增出的一条特异谱带。如果某一品种扩增出独有的特殊的多态性条带就可以被单独区分鉴别出来，而那些具有相同大小带型的品种则被分在同一小组。MCID操作简便、目的性和实用性强，更适用于对大量品种进行快速鉴定（朱旭东等，2014）。其高度的实用性表现在，在品种一定的情况下，可以很容易从CID中选出特定的引物及可利用的特征谱带将某些需要鉴别的品种区分开来。CID中的品种可以随着需要鉴别的新品种的增加而扩大，最终包含所有搜集到的品种资源。MCID不仅为植物品种或材料鉴定提供重要的信息资料，而且还为指导实际生产提供重要依据。

2. 利用SSR建立柿地方品种的CID

从26对引物中筛选出的多态性好，条带清晰的6个引物（表6、表7），运用MCID将72个地方柿品种逐一单独区分鉴别出来，为了观图简洁方便，把每种柿的编号用对应的数字表示。首先根据引物FR6扩增的72个地方柿DNA指纹图谱上大小为140bp、125bp和110bp的3条特征性谱带的有无将72个品种分成6组，其中有特征性谱带的用（＋）表示，无特征性谱带的用（－）表示。第一组为140bp（－）、125bp（－）和110bp（－），共包括19个地方柿品种；第二组包括13个拥有125bp和110bp2条谱带，没有140bp条带的品种；第三组为140bp（－）、125bp（－）和110bp（＋），共包括20个地方柿品种；第四组为140bp（＋）、125bp（－）和110bp（＋），包括编号为15、16、17、21、46、54、55、59、66、70、71的11个品种；第五组为含有三条特征性谱带140bp、125bp和110bp的9个品种，编号为37、38、39、41、53、56、58、62；第六组61号峪里牛心柿没有特征性谱带140bp而被单独鉴定出来。

再进一步利用更多的引物鉴定以上5个组的所有品种。其中第四组的11个品种先利用引物FR1扩增的大小为220bp的1条多态性谱带分成两组，其中有220bp特征谱带品种有15、16、17、21、46、70，称之为4-1组，没有220bp特征谱带的是54、55、59、66、71号品种，称之为4-2组。再利用引物FR4扩增的大小为480bp和220bp大小的条带对FR4分的两组进行再分组，根据480bp特征谱带有无4-1组可分为含有480bp谱带的15、16、46、70号品种，称之为4-1-1组，不含480bp的为4-1-2组，有17、21两个品种。之后再利用引物FR17的特征谱带190bp和180bp对上一级的两组进行分组，190bp（－）180bp（＋）将16号品种鉴定出来，190bp（＋）180bp（＋）将46号品种鉴定出来，同时190bp（＋）180bp（－）将15、70分为一组，再经过引物FR2，最终将15和70号品种区分开来。同理，4-1-2小组的17和21号品种也可由引物FR17的180bp特征谱带鉴定出来。4-1组中同样依次按照引物FR4、FR17、FR2将54、55、59、66、71分别鉴定。

另外3组按照此方法依次鉴定，直到将所有品种区分开来。由于采用每获得多态性条带就应用于品种鉴定，可以达到及时利用引物的指纹信息，不易出现过多使用引物的现象，提高了引物利用效率。

表6 SSR标记引物信息

引物编号	基因库登录号	重复序列	引物序列 (5→3)
FR01	DC588341	(GAG)5	TCAGTAAAGCTGCGGGCATC
			ACGGTTCTCCTGATCCTCACG
FR02	DC586537	(CAT)6	CACCGCATCCTCTTCGACATCC
			ACGCATCCGTCAAATCACAACA
FR03	DC585084	(GAG)9	TGACTCTGCTCCACAGGCACTTC
			CTCGTCTGGCAATTCTGCTTCG
FR04	DC585710	(GTAGTG)3	CCAGTTGATGGCAATGGGAGGC
			GGTGCGATGTTGGAGGGAAGAG
FR05	DC585737	(CTT)7	ACACTCCACTCTACCCAAATACC
			GACATCATAAGTCAAAGCACGAA
FR06	DC592790	(TA)9	TGACCAACCCCAAAGTGTGGGAG
			AGGTCCCTCTGGTGAGCACATGC
FR07	DC592401	(GGC)4	TTATCCCATCAAAGCAACCCAC
			CTGCCAACTTCTTCTCCATCTCC
FR08	DC591591	(AT)10	ACACGTTCAGTACCAGGAGGGA
			AGTACCACAAACCACCAGTGG
FR09	DC591297	(GCAGGA)3	GCCACAAACTTCACAGAGGACC
			AGGCGAGTGCGAGTAAGACGAA
FR10	DC585435	(AGG)7	TCGGCTTCACCTATGTTG
			CGATTCCTTGGACCTTTG
FR11	DC592713	(AG)7	CGGAAGAGGGAGAAATCG
			GAATCGGGAAAGCAAGTT
FR12	EF567410	(GA)21	CCAAATCATTCGAAGCCAAT
			CCTTCACCGATGTCCTTTGT
FR13	DQ097479	(GA)16	ATGTTTCAGGGGGTTCCATTG
			TCACTCGTCTTTGCCTTTCC
FR14	DQ097482	(AG)16	GTGAAGGAACCCCATAGAA
			CCATCATCAGGTAGGAGAGA
FR15	DQ097484	(GA)12	ACTACAACGGCGGTGAGAAC
			GTCCTTCACTTCCCGCATT
FR16	DQ097497	(CCTTT)8	ATCATGAGATCAGAGCCGTC
			CACGTTAACGTTACGGAACA
FR17	DQ097499	(CT)15	AGTTCTTGCGATGGGATTTG
			GATGAGATGGGCTGATTGCT
FR18	DQ204606	(GCCA)10	GGGTATCCTTGCCTGCTC
			CGAACTGGTTGGTGACGG
FR19	DQ204606	(TCCG)5	GGGTAATCTTGCCTGCTC
			CTTGCTGACTCTTGGGTGT
FR20	DQ204618	(AG)15	CTAAATCCCCCTTTCTTCAT
			TAGTCGCCTTCGTCTCCACC
FR21	DQ204618	(AG)7	F:AGAGAGACGACCAACGACAA
			R: CTCACCTTTCCTGACCGCTA
FR22	DQ222480	(GA)14···(AG)5··· (GA)9(AG)9	F: GTTACCGCATTACTCCAG
			R:ATCTCCGACATCCAAAGC
FR23	DQ222481	(AG)9	F: ACGCCAGGAACATTGAAG
			R:TTACCGCATTAGGACCAG
FR24	DQ097482	(AG)16	F: GTGAAGGAACCCCATAGAA
			R: CCATCATCAGGTAGGAGAGA
FR25	AB073008	(GA)7	F: CATCTACTGCGTGCTTGTGT
			R: TGGGAAACTCTGGATTGCTC
FR26	AB073006	(AGA)4	F: ATCGTTGGTTGCTATCTTGG
			R: ATGGTGAATCCTACGGGGTC

表7 筛选出绘制MCID图的引物

引物编号	基因库登录号	重复序列	引物序列 (5→3)
FR01	DC588341	(GAG)5	TCAGTAAAGCTGCGGGCATC
			ACGGTTCTCCTGATCCTCACG
FR02	DC586537	(CAT)6	CACCGCATCCTCTTCGACATCC
			ACGCATCCGTCAAATCACAACA
FR04	DC585710	(GTAGTG)3	CCAGTTGATGGCAATGGGAGGC
			GGTGCGATGTTGGAGGGAAGAG
FR12	EF567410	(GA)21	CCAAATCATTCGAAGCCAAT
			CCTTCACCGATGTCCTTTGT
FR16	DQ097497	(CCTTT)8	ATCATGAGATCAGAGCCGTC
			CACGTTAACGTTACGGAACA
FR17	DQ097499	(CT)15	AGTTCTTGCGATGGGATTTG
			GATGAGATGGGCTGATTGCT

最后，根据所有引物及相应谱带信息绘制72个地方柿品种的鉴定图，即柿地方品种CID（图77）。如同化学元素周期表方便用于元素信息查阅一样，所获得的地方柿CID可以提供鉴别这些地方品种所需要的引物以及依据的多态性谱带。

利用CID可以将任何品种简洁快速的加以分辨，具体是首先在CID找到待鉴别品种进行区分所需要的引物和多态性谱带，然后利用引物进行PCR扩增，最后通过PCR扩增的多态性条带将待鉴定品种区分出来。例如：区分本书中c1和c68两个柿地方品种，在CID中可以得出两个地方品种能通过FR17引物进行区分，通过PCR和电泳，找出190bp的条带，无此条带的即为c1。同样，如果区分c1、c2、c3三个品种时，首先在CID上可以得到三个品种最先分支的引物为FR2，多态性条带为190bp和200bp，

通过该引物可将三个品种分为1、2与3两组，之后再利用FR14引物和140bp条带将2与3区分，这样，三个品种就能完全区分。

利用MCID可将DNA标记信息转化为实用性强的鉴定大量品种资源的有效信息，并在DNA分子水平上快速、准确鉴别柿品种。该方法犹如化学元素周期表一样便于查阅鉴定品种所需要的相关信息，如需要哪一条引物以及哪一大小条带的有无信息进行针对性品种或材料间鉴别。而且提高了引物的利用效率，仅仅利用几个引物进行PCR扩增就可以将大量的柿品种鉴定区分开来。在品种一定的情况下，根据品种被区分以及每步进行品种区分时所利用的引物和特征性谱带的大小与有无的信息，通过人工绘制品种鉴别示意图的方法形成最终展示所有品种间被如何区分开的完整的柿品种鉴别示意图。当有新的或其他柿品种与这72个重要品种进行区分时，可以直接利用已经使用的6条引物对该品种进行单独PCR分析，如果发现其具有不同于CID中72个品种的某一或某些谱带，则很容易将需要鉴定的新品种添加到该CID中去；如果发现与72个品种中的某些品种难以区分，则选用新的引物对这些无法分开的品种加以区分。由于是针对新品种单独进行鉴别，应该说完成新品种鉴别的工作量不大。可以使该CID鉴定品种的范围与能力进一步扩大，成为今后柿种质资源鉴定的坚实基础。

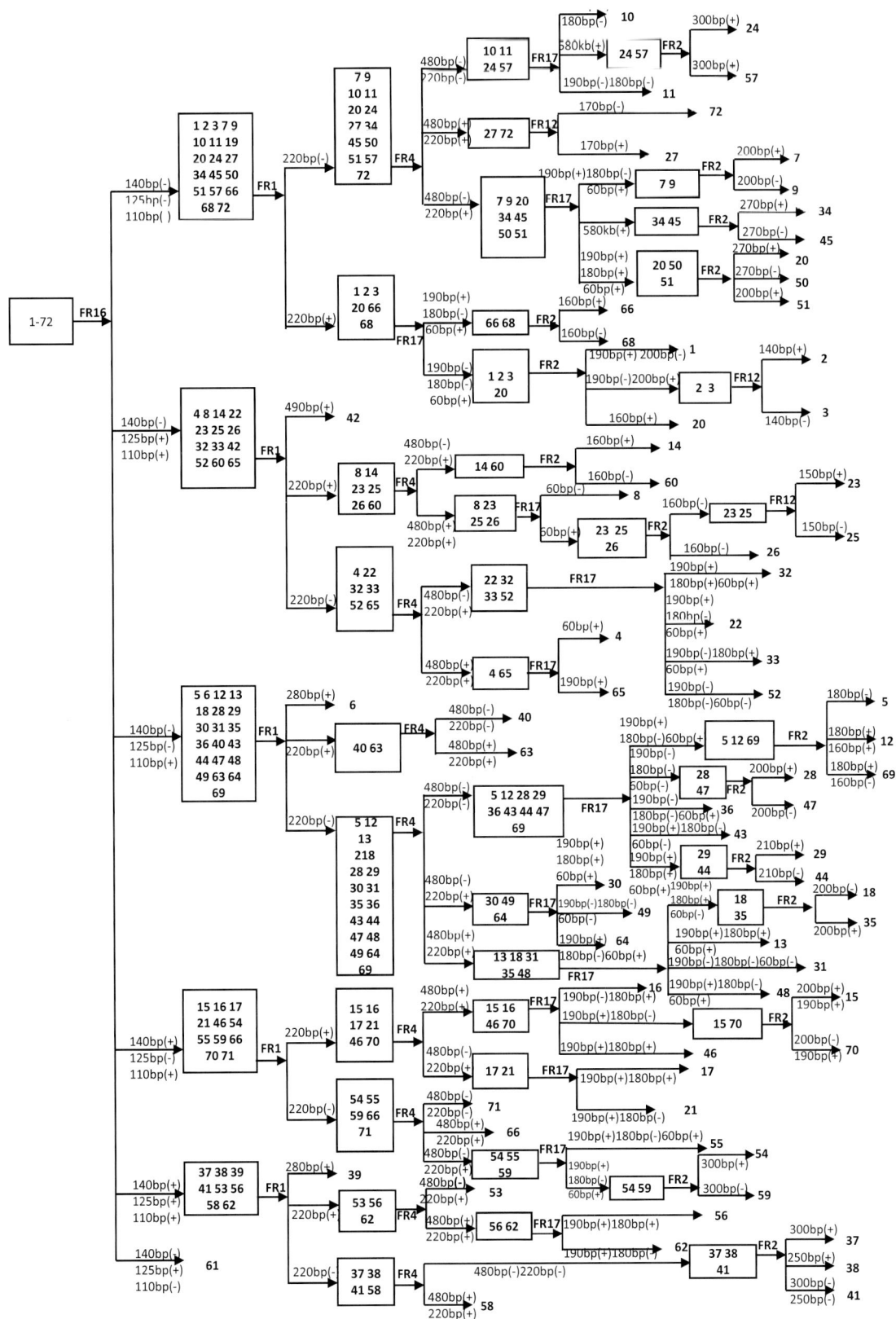

图77　72个柿地方品种的CID（李晓鹏　供图）

中国柿地方品种图志

各论

太和柿

Diospyros kaki Thunb. 'Taiheshi'

调查编号：YINYLSQB079

所属树种：柿 *Diospyros kaki* Thunb.

提 供 人：吴艳迪
电　　话：18638236842
住　　址：安徽省阜阳市太和县

调 查 人：孙其宝
电　　话：13956066968
单　　位：安徽省农业科学院园艺研究所

调查地点：安徽省阜阳市太和县

地理数据：GPS数据（海拔：36m，经度：E115°37'19"，纬度：N33°09'36"）

样本类型：种子、果实、枝条

生境信息

来源于当地，生于庭院平地或房前屋后，土壤质地为壤土，土壤pH7.8，现存1株。

植物学信息

1. 植株情况

乔木，树龄20年，繁殖方法为嫁接，砧木为君迁子，树势强。

2. 植物学特征

成熟枝条黄褐色，枝条嫩梢茸毛中，梢尖茸毛着色浅；幼叶黄绿色，茸毛疏，成龄叶近圆形，全缘，叶片革质光滑；花雌雄异株或杂性，雄花聚伞花序，生于当年生枝下部，腋生，单生，每花序有花4～5朵，有时更多，或中央1朵为雌花，且能发育成果；雄花花萼4裂，裂片卵状三角形；花冠壶形，4裂，裂片旋转排列，近半圆形；退化子房微小，密生长茸毛；雌花单生叶腋，花萼钟形，4裂，深裂至中裂，裂片宽卵形或近半圆形，先端骤短渐尖，两侧向背面反曲；花冠壶形或近钟形，4深裂，裂片旋转排列，宽卵形或近圆形，先端向后反曲；雄花长约9mm，雌花较雄花大，长约2.0cm。

3. 果实性状

浆果卵圆形，果顶平或凹；果中等大，直径5.6～7.3cm，平均单果重170g；果皮橘红色或橙黄色，有光泽；肉质松软，宿存萼卵圆形，先端钝圆；心室竹叶形，少子。

4. 生物学习性

寿命长；花期4～5月，果期9～10月，果实10月上旬成熟；果实宜鲜食，品质中上。

品种评价

高产；对寒、旱、涝、瘠、盐、风、日灼等恶劣环境有较强抵抗能力；对修剪反应不敏感；果实宜鲜食，也可制柿饼、柿片等。

生境

植株

枝叶

花

果实

临泉贡柿

Diospyros kaki Thunb. 'Linquangongshi'

调查编号：YINYLSQB092

所属树种：柿 *Diospyros kaki* Thunb.

提 供 人：吴艳迪
电　　话：18638236842
住　　址：安徽省阜阳市太和县

调 查 人：孙其宝
电　　话：13956066968
单　　位：安徽省农业科学院园艺研究所

调查地点：安徽省阜阳市临泉县杨桥镇甄庄村

地理数据：GPS数据（海拔：10m，经度：E115°15'36"，纬度：N33°02'28"）

样本类型：种子、果实、枝条

生境信息

来源于当地，生于庭院平地或房前屋后，土壤质地为壤土，现存1株。

植物学信息

1. 植株情况

乔木，树龄20年，繁殖方法为嫁接，砧木为君迁子，树势强，不埋土露地越冬。

2. 植物学特征

成熟枝条黄褐色，枝条嫩梢茸毛中，梢尖茸毛着色浅；幼叶黄绿色，茸毛疏，成龄叶近圆形，全缘，叶片革质光滑；花雌雄异株或杂性，雄花聚伞花序，生于当年生枝下部，腋生，单生，每花序有花3～5朵，有时更多，或中央1朵为雌花，且能发育成果；雄花花萼4裂，裂片卵状三角形；花冠壶形，4裂，裂片旋转排列，近半圆形；退化子房微小，密生长茸毛；雌花单生叶腋，花萼钟形，4裂，深裂至中裂，裂片宽卵形或近半圆形，先端骤短渐尖，两侧向背面反曲；花冠壶形或近钟形，4深裂，裂片旋转排列，宽卵形或近圆形，先端向后反曲；雄花长约9mm，雌花较雄花大，长约2.0cm。

3. 果实性状

果实扁球形，果顶平或凹，略呈4棱；果实大，平均单果重165g，最大可达200g；果皮薄，橘红色，有光泽，略被白粉；肉质细腻，呈黏质状；宿存萼卵圆形，先端钝圆；心室竹叶形，少核或无核。

4. 生物学习性

生长旺盛，幼树4年开始挂果，12年丰产；花期4～5月，果期9～10月，果实10月上旬成熟；果实鲜食制饼皆宜，品质上。

品种评价

高产，产量稳定，耐贫瘠，耐风寒，抗病虫害；适应范围广，抗逆性强，对修剪反应不敏感；可生食，最宜制饼。

植株

花

叶片

结果状

姬川灯笼柿

Diospyros kaki Thunb. 'Jichuandenglongshi'

调查编号：YINYLSQB093

所属树种：柿 *Diospyros kaki* Thunb.

提 供 人：吴艳迪
电　　话：18638236842
住　　址：安徽省阜阳市太和县

调 查 人：孙其宝
电　　话：13956066968
单　　位：安徽省农业科学院园艺研究所

调查地点：安徽省黄山市歙县上丰乡姬川村

地理数据：GPS数据（海拔：645m，经度：E118°22′43.76″，纬度：N29°59′58.66″）

样本类型：种子、果实、枝条

生境信息

来源于当地，生于田地，土壤质地为黏壤土，现存1株，伴生物种为玉米。

植物学信息

1. 植株情况

落叶乔木，树高15m；树冠呈自然半圆形；主干树皮暗灰色，呈小块状裂纹；雌雄同株。

2. 植物学特征

幼枝密生褐色或棕色茸毛，后渐脱落；叶长10～18cm，表面深绿色有光泽，叶背淡绿色；长椭圆形或倒卵形，近革质；叶端渐尖，叶基阔楔形；成熟枝条黄褐色，枝条嫩梢茸毛中，梢尖茸毛着色浅；花雌雄异株或杂性，雄花聚伞花序，生于当年生枝下部，每花序有花3朵，有时更多；雄花花萼4裂；裂片卵状三角形；退化子房微小，密生长茸毛；雌花单生叶腋，花萼钟形，4裂，深裂至中裂，裂片半圆形，先端骤短渐尖，两侧向背面反曲；花冠壶形或近钟形，4深裂，裂片旋转排列，宽卵形或近圆形，先端向后反曲；雄花长约9mm，雌花较雄花大，长约2.1cm。

3. 果实性状

果实卵圆形，果顶平或微凹，先端钝圆；果实直径5.5～7.0cm，平均单果重145g；脐平，沟纹浅；果皮橘红色或橙黄色，有光泽；果肉多汁味甜，有褐斑，品质中上；心室8～9个，眉形；果核少，尖长形。

4. 生物学习性

生长势中；丰产稳产，株产量220kg；花期5～6月，浆果9～10月成熟；宜鲜食。

品种评价

对寒、旱、涝、瘠、盐、风、日灼等恶劣环境有较强抵抗能力；易受柿棉蚧、柿蒂虫危害；对修剪反应不敏感。

植株

花

叶片

果实

甄庄花盖柿

Diospyros kaki Thunb. 'Zhenzhuanghuagaishi'

调查编号： YINYLSQB094

所属树种： 柿 *Diospyros kaki* Thunb.

提供人： 吴艳迪
电　话： 18638236842
住　址： 安徽省阜阳市太和县

调查人： 孙其宝
电　话： 13956066968
单　位： 安徽省农业科学院园艺研究所

调查地点： 安徽省阜阳市临泉县杨桥镇甄庄村

地理数据： GPS数据（海拔： 10m，经度： E115°15'36"，纬度： N33°02'28"）

样本类型： 种子、果实、枝条

生境信息

来源于当地，生于庭院平地，土壤质地为壤土，现存1株。

植物学信息

1.植株情况

乔木，树姿开张，树高约9m；树冠呈自然半圆形；生长势中。

2.植物学特征

幼枝密生褐色或棕色茸毛，后渐脱落；叶柄长5～10mm，长6.5～18cm；叶椭圆形，长12～18cm，宽3.6～10cm，革质，叶表深绿色有光泽，叶背淡绿色；先端骤短渐尖，基部圆形，或近圆形而两侧稍不等，或为宽楔形；叶片中脉正面稍凹，背面凸起，侧脉每边7～9条，正面微凹，背面稍凸起，小脉结成小网状，正面微凹，背面微凸起，侧脉间有近横行的脉相连；成熟叶的正面无毛；雌雄异株或同株，雄花聚伞花序，生于当年生枝下部，腋生，单生，每花序有花3～5朵，有时更多，或中央1朵为雌花，且能发育成果，雌花单生叶腋；雄花花萼4裂，裂片卵状三角形，先端钝；花冠壶形，4裂，裂片旋转排列，近半圆形；雌花花萼4深裂，先端急尖，边缘有茸毛，外面上部和脊上疏生茸毛，内面无毛，有纤细而凹陷的纵脉，花冠壶形，4裂，裂片长圆形，向外反曲。

3.果实性状

浆果卵圆形，果顶平或凹；果中等大，直径5.6～7.3cm，平均单果重170g；果皮橘红色或橙黄色，有光泽；肉质松软，橘黄色；果基部圆，梗洼广深，萼片大而平，卵圆形，先端钝圆；心室竹叶形，种子3颗不等。

4.生物学习性

果实10月成熟，花期4～5月，果期9～10月；果实品质上；耐贫瘠，抗干旱。

品种评价

果实皮薄易剥，多汁味甜，纤维少；易贮藏，加工、生食、制饼均可，易脱涩，鲜果可溶性糖含量糖13%；对寒、旱、涝、瘠、盐、风、日灼等恶劣环境有较强抵抗能力，对修剪反应不敏感。

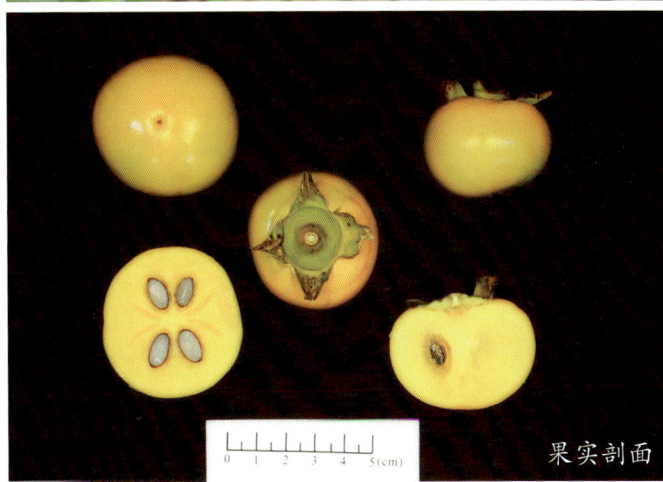

果实

花

叶片

果实剖面

0 1 2 3 4 5(cm)

姬川老鸦柿

Diospyros rhombifolia Hemsl.
'Jichuanlaoyashi'

调查编号： YINYLSQB095

所属树种： 老鸦柿 *Diospyros rhombifolia* Hemsl.

提 供 人： 吴艳迪
电　　话： 18638236842
住　　址： 安徽省阜阳市太和县

调 查 人： 孙其宝
电　　话： 13956066968
单　　位： 安徽省农业科学院园艺研究所

调查地点： 安徽省黄山市歙县上丰乡姬川村

地理数据： GPS数据（海拔：645m，经度：E118°22′43.76″，纬度：N29°59′58.66″）

样本类型： 种子、果实、枝条

生境信息

来源于当地，生于田间坡地，土壤质地为壤土，现存1株。

植物学信息

1. 植株情况

生长势弱，树高6m，干周43cm。

2. 植物学特征

树皮灰色，平滑；多枝，分枝低，有枝刺；枝深褐色，无毛，散生椭圆形的纵裂小皮孔；小枝略曲折，褐色或黑褐色，有茸毛；叶柄很短，纤细，长2～4mm，有微茸毛；叶纸质，长4～8.5cm，宽1.8～3.8cm；叶正面深绿色，背面浅绿色；菱状倒卵形；先端钝，基部楔形，沿脉有黄褐色毛，中脉正面凹陷，背面明显凸起；雄花生于当年生枝下部，雌花散生当年生枝下部；雄花花萼4深裂，裂片三角形，长约3mm，宽约2mm，先端急尖；花冠壶形，长约4mm，两面疏生短茸毛，4裂，裂片覆瓦状排列；雄蕊16枚，每2枚连生，腹面1枚较短，花丝有茸毛；花药线形，先端渐尖；退化子房小，球形，顶端有茸毛；花梗长约7mm；雌花花萼4深裂，几裂至基部。

3. 果实性状

果实单生，球形，果顶有小突尖；果实小，直径3.0cm；果实嫩时黄绿色，后变橙黄色，熟时橘红色，有蜡样光泽，无毛；有种子4～8颗，种子褐色。

4. 生物学习性

生长势弱，花期4～5月，果期9～10月；对寒、旱、涝、瘠、盐、风、日灼等恶劣环境有较强抵抗能力，对修剪反应不敏感；易受柿棉蚧、柿蒂虫危害。

品种评价

抗性强，易受虫害，是秋、冬季观果优良树种。

叶片

植株

果实

鲁水油柿

Diospyros oleifera Cheng. 'Lushuiyoushi'

- 调查编号: FANGJGLXL011
- 所属树种: 柿 *Diospyros oleifera* Cheng.
- 提 供 人: 廖玉平
  电 话: 18376307994
  住 址: 广西壮族自治区桂林市全州县两河乡鲁水村10队
- 调 查 人: 李贤良
  电 话: 13978358920
  单 位: 广西特色作物研究院
- 调查地点: 广西壮族自治区桂林市全州县两河乡鲁水村10队
- 地理数据: GPS数据（海拔：350m，经度：E111°07'45.82"，纬度：N25°41'48"）
- 样本类型: 种子、果实、枝条

生境信息

来源于当地，生于庭院，伴生物种是柏木，土壤质地为黏土。

植物学信息

1. 植株情况

落叶乔木，高达5m，枝叶中等密至略疏，约在树高一半处分枝。

2. 植物学特征

枝灰色、灰褐色或深褐色，疏生长茸毛或变无毛，散生纵裂的长圆形小皮孔；叶柄长6～10mm；叶纸质，长6.5～17cm，宽3.5～10cm；叶正面深绿色，背面绿色；叶片倒卵形或长圆形，叶基部楔形，边缘稍背卷；中脉在正面稍凹下，在背面凸起，侧脉每边7～9条，在上面微凹，上面稍凸起，小脉很纤细，结成小网状，下面微凹，下面微凸起，侧脉间有近横行的脉相连；花雌雄异株或杂性，雄花聚伞花序，生于当年生枝下部，腋生，单生，每花序有花3～5朵，有时更多，或中央1朵为雌花，且能发育成果，雌花单生叶腋；雄花花萼4裂，裂片卵状三角形，先端钝；花冠壶形，4裂，裂片旋转排列，近半圆形，有睫毛；雌花花萼钟形，4裂，深裂至中裂，裂片宽卵形或近半圆形，先端骤短渐尖，两侧向背面反曲；花冠壶形或近钟形，外面在棱上疏生长茸毛，内面无毛，4深裂，裂片旋转排列，宽卵形或近圆形，先端向后反曲；雄花长约0，8cm，雌花较雄花大，长约1.5cm。

3. 果实性状

果扁球形，略呈4棱，长4.5～7.0cm，直径5.0～8.0cm；果实嫩时绿色，成熟时暗黄色，有易脱落的软毛；种子3～8颗不等，种子近长圆形，长约2.5cm，宽约1.6cm，棕色，侧扁。

4. 生物学习性

油柿是一种野生的柿子树，花期4～5月，果期8～10月；果实碘含量较高；油柿霜是一种甘露醇，可入药；可制柿漆；柿叶可制柿叶茶，有解热、降血压之功效；柿蒂(宿存花萼)、树皮、根均可入药。

品种评价

耐贫瘠，抗干旱；抗逆能力强。

枝条

枝叶

花

植株

果实

鲁水柿

Diospyros kaki Thunb. 'Lushuishi'

调查编号：FANGJGLXL012

所属树种：柿 *Diospyros kaki* Thunb.

提 供 人：廖玉平
电　　话：18376307994
住　　址：广西壮族自治区桂林市全
　　　　　州县两河乡鲁水村10队

调 查 人：李贤良
电　　话：13978358920
单　　位：广西特色作物研究院

调查地点：广西壮族自治区桂林市全
　　　　　州县两河乡鲁水村10队

地理数据：GPS数据（海拔：350m，
经度：E111°0745.68"，纬度：N25°41'46.89"）

样本类型：种子、果实、枝条

生境信息

来源于当地，生于庭院，伴生物种是柏木，土壤质地为黏土。

植物学信息

1. 植株情况

落叶乔木，高达10m，胸径达38cm，树干通直，树皮灰褐色，块裂状，露出白色的内皮；树冠阔卵形或半球形，枝叶中等疏密，约在树高1/4处分枝。

2. 植物学特征

枝灰色、灰褐色或深褐色，疏生长茸毛或变无毛，散生纵裂的长圆形小皮孔；叶柄长8mm；叶长8cm，宽6cm；叶正面深绿色，背面绿色；叶纸质，椭圆形；叶先端短渐尖，基部宽楔形，边缘稍背卷；成熟叶的上面变无毛，中脉在上面稍凹下，在下面凸起，侧脉每边8条，在上面微凹，上面稍凸起，小脉很纤细，结成小网状，上面微凹，下面微凸起，侧脉间有近横行的脉相连；花雌雄异株或杂性，雄花聚伞花序，生于当年生枝下部，腋生，单生，每花序有花3~6朵；雌花单生叶腋；雄花花萼5裂，裂片卵状三角形，先端钝；花冠壶形，4裂，裂片旋转排列，近半圆形；雌花花萼钟形，4裂，深裂至中裂，裂片宽卵形或近半圆形，先端骤短渐尖，两侧向背面反曲；花冠壶形或近钟形，外面在棱上疏生长茸毛，内面无毛，4深裂，裂片旋转排列，宽卵形或近圆形，先端向后反曲；雄花长约8mm，雌花较雄花大，长约1.5cm。

3. 果实性状

果实扁球形；果实长4cm，直径约7cm；果实幼时绿色，成熟时暗黄色，有易脱落的软毛；有种子3~8颗不等；种子近长圆形，长约2.5cm，宽约1.6cm，棕色，侧扁。

4. 生物学习性

花期4~5月，果期8~10月；果实宜鲜食，品质中上。

品种评价

高产；对寒、旱、涝、瘠、盐、风、日灼等恶劣环境有较强抵抗能力，对修剪反应不敏感；易受柿棉蚧、柿蒂虫危害。

枝条

植株

树叶

果

果实

心果柿

Diospyros kaki Thunb. 'Xinguoshi'

调查编号： FANGJGLCG013

所属树种： 柿 *Diospyros kaki* Thunb.

提 供 人： 池镇町
电　　话： 13326134812
住　　址： 贵州省安顺市镇宁布依族
　　　　　苗族自治县农业局

调 查 人： 罗昌国
电　　话： 13385145205
单　　位： 贵州省果树科学研究所

调查地点： 贵州省安顺市镇宁布依族
　　　　　苗族自治县白马湖街道丁
　　　　　家村

地理数据： GPS数据（海拔：1106m，
　　　　　经度：E105°45'5.36"，纬度：N26°05'22.90"）

样本类型： 枝条

生境信息

来源于当地，生于田间坡度为40°的坡地，伴生物种是柏木，土壤质地为黏土。

植物学信息

1. 植株情况

乔木，繁殖方法为分株，树势中等。

2. 植物学特征

嫩梢茸毛密，梢尖茸毛着色深，成熟枝条颜色暗褐；幼叶茸毛密，成龄叶近圆形，成龄叶全缘；雌雄异株，雄花聚伞花序，生于当年生枝下部，腋生，单生，每花序有花4~6朵，有时更多，或中央1朵为雌花，且能发育成果；雌花单生叶腋；雄花花萼4裂，裂片卵状三角形，先端钝；花冠壶形，长约7mm，花冠管长约4mm，4裂，裂片旋转排列，近半圆形，长约2mm，宽约3mm，有睫毛；雄蕊20~22枚，着生在花冠管的基部，每2枚合生成对，腹面1枚较短，花丝短，有长硬毛；花药线形，长4~6mm，渐尖，药隔背面疏生长硬毛；退化子房微小，密生长茸毛；花梗短，长约2mm；雌花花萼钟形，4裂，深裂至中裂，裂片宽卵形或近半圆形，长约7mm，宽约14mm，先端骤短渐尖，两侧向背面反曲；花冠壶形或近钟形，4深裂，裂片旋转排列，宽卵形或近圆形，长约10mm，宽约10mm，先端向后反曲；退化雄蕊16~17枚，近线形，长约4mm，着生在花冠管基部，有长茸毛；雄花长约9mm，雌花较雄花大，长约2.7cm。

3. 果实性状

果实长圆形；果实纵径7cm，横径约4cm；果实嫩时绿色，成熟时红色；果肉汁液多；果柄粗短，长8~10mm，直径约4mm；有种子3~8颗不等；种子近长圆形，长约2.5cm，宽约1.6cm。

4. 生物学习性

花期4~5月，果期9~10月，果实10月上旬成熟；果实宜鲜食，品质中上。

品种评价

高产；对寒、旱、涝、瘠、盐、风、日灼等恶劣环境有较强抵抗能力，对修剪反应不敏感；易受柿棉蚧、柿蒂虫危害。

花

叶片

果实

庆口柿

Diospyros kaki Thunb. 'Qingkoushi'

调查编号： FANGJGLCG011

所属树种： 柿 *Diospyros kaki* Thunb.

提 供 人： 锁银福
电　　话： 18376307994
住　　址： 贵州省毕节市威宁彝族回族苗族自治县哈喇河乡闸塘村

调 查 人： 罗昌国
电　　话： 13385145205
单　　位： 贵州省果树科学研究所

调查地点： 贵州省毕节市威宁彝族回族苗族自治县哈喇河乡闸塘村

地理数据： GPS数据（海拔：2050m，经度：E103°58'48"，纬度：N26°50'24"）

样本类型： 枝条

生境信息

来源于当地，生于田间坡地，坡度为50°，伴生物种是华山松，土壤质地为黏土。

植物学信息

1. 植株情况

乔木，繁殖方法为嫁接，砧木是君迁子，树势中等。

2. 植物学特征

嫩梢茸毛密，梢尖茸毛着色深，成熟枝条暗褐色；幼叶茸毛密，成龄叶近圆形，成龄叶全缘；雌雄异株，雄花聚伞花序，生于当年生枝下部，腋生，每花序有花4～6朵，有时更多，且能发育成果；雌花单生叶腋；雄花花萼4裂，裂片卵状三角形，先端钝；花冠壶形，4裂，裂片旋转排列，半圆形，有睫毛；雌花花萼钟形，4裂，深裂至中裂，裂片宽卵形或近半圆形，先端骤短渐尖，两侧向背面反曲；花冠壶形或近钟形，多少四棱，外面在棱上疏生长茸毛，内面无毛，4深裂，裂片旋转排列，宽卵形或近圆形，先端向后反曲；雄花长约9mm，雌花较雄花大，长约2.7cm。

3. 果实性状

果实扁圆形，果顶平或凹；果实纵径4.8cm，横径4.5cm，平均单果重60g；果皮橘红色或橙黄色，有光泽；果肉汁液少，宿存萼卵圆形，先端钝圆；心室竹叶形，少子。

4. 生物学习性

花期4～5月，果期9～10月，9月下旬果实开始着色；果实10月下旬成熟；果实宜鲜食，品质中上。

品种评价

高产；对寒、旱、涝、瘠、盐、风、日灼等恶劣环境有较强抵抗能力，对修剪反应不敏感；易受柿棉蚧、柿蒂虫危害。

果实

植株

花

叶片

年丰柿

Diospyros kaki Thunb. 'Nianfengshi'

调查编号：FANGJGLCG012

所属树种：柿 *Diospyros kaki* Thunb.

提 供 人：吴宗成
电　　话：15036054160
住　　址：贵州省毕节市威宁彝族回族
　　　　　苗族自治县石门乡年丰村

调 查 人：罗昌国
电　　话：13385145205
单　　位：贵州省果树科学研究所

调查地点：贵州省毕节市威宁彝族
　　　　　苗族自治县石门乡年丰村

地理数据：GPS数据（海拔：1796m，
　　　　　经度：E104°00'36"，纬度：N27°23'59"）

样本类型：枝条

生境信息

来源于当地，生于房屋旁田间坡地，坡度为30°，伴生物种是华山松，土壤质地为黏土。

植物学信息

1. 植株情况

乔木，树高约3m；繁殖方法为分株，树势中等。

2. 植物学特征

嫩梢茸毛密，梢尖茸毛着色深，成熟枝条暗褐色；幼叶茸毛密，成龄叶近圆形，成龄叶全缘；花雌雄异株，雄花聚伞花序，生于当年生枝下部，腋生，每花序有花4～6朵，有时更多，且能发育成果；雌花单生叶腋；雄花花萼4裂，裂片卵状三角形，先端钝；花冠壶形，4裂，裂片旋转排列，半圆形，雌花花萼钟形，4裂，裂片宽卵形或近半圆形，先端骤短渐尖，两侧向背面反曲；花冠壶形或近钟形，外面在棱上疏生长茸毛，内面无毛，4深裂，裂片旋转排列，宽卵形或近圆形；雄花长约9mm，雌花较雄花大，长约2.7cm。

3. 果实性状

果实卵圆形，果顶略尖，略呈4棱；果中等大，纵径5.9cm，横径5.6cm，平均单果重110g；果皮橘红色或橙黄色，有光泽；肉质松软，果肉汁液少；宿存萼卵圆形，先端钝圆；少子。

4. 生物学习性

结果枝率为50%，副梢结实率中等；萌芽始期5月上旬，始花期6月下旬；全树成熟期不一致，果实始熟期10月上旬，果实成熟期10月中旬；果实含糖量高，品质中上。

品种评价

大小年现象显著；对寒、旱、涝、瘠、盐、风、日灼等恶劣环境有较强抵抗能力；易受柿棉蚧、柿蒂虫危害。

生境

枝叶

叶片

果实

七月红

Diospyros kaki Thunb. 'Qiyuehong'

- 调查编号：CAOQFMYP012

- 所属树种：柿 *Diospyros kaki* Thunb.

- 提 供 人：武居智
  电　　话：13503594181
  住　　址：山西省运城市万荣县贾村乡西思雅村

- 调 查 人：曹秋芬
  电　　话：13753480017
  单　　位：山西省农业科学院生物技术研究中心

- 调查地点：山西省运城市万荣县贾村乡西思雅村

- 地理数据：GPS数据（海拔：645m，经度：E110°39'12"，纬度：N35°18'59"）

- 样本类型：种子、果实、枝条

生境信息

来源于当地，生于田间平地，该土地为耕地，土壤质地为砂壤土，种植年限12年，伴生物种为苹果、桃。

植物学信息

1. 植株情况

乔木，主干褐色，树皮块裂状；树姿半开张，树形半圆形，树高5m，冠幅东西3.80m、南北3.61m，干高40cm，干周51cm；生长势强。

2. 植物学特征

1年生枝平均长27～50cm；叶片大，长20cm，宽13cm；雌雄异株，雄花聚伞花序，生于当年生枝下部，腋生，每花序有花6朵，有时更多，且能发育成果；雌花单生叶腋；雄花花萼4裂，裂片卵状三角形，长约4mm，基部宽约3mm，先端钝；花冠壶形，长约6.5mm，花冠管长约4mm，4裂，裂片旋转排列，半圆形，长约2mm，宽约3mm，有睫毛；雄蕊20～22枚，着生在花冠管的基部，每2枚合生成对，腹面1枚较短，花丝短，有长硬毛；花药线形，长6mm，渐尖，药隔背面疏生长硬毛；退化子房微小，密生长茸毛；花梗短，长约2mm；雌花花萼钟形，4裂，深裂至中裂，裂片宽卵形或近半圆形，先端骤短渐尖，两侧向背面反曲；花冠壶形或近钟形，4深裂，裂片旋转排列，宽卵形或近圆形，先端向后反曲；退化雄蕊18枚，近线形，长约9mm，着生在花冠管基部，有长茸毛；雄花长约10mm，雌花较雄花大，长约2.8cm。

3. 果实性状

果实大小整齐，扁圆形，果实纵径4.7cm，横径6.7cm；果实内部无种子；可溶性固形物的含量为11%～13%，最佳食用期为9月初至9月中旬。

4. 生物学习性

花期4月下旬，果期9月；果实宜鲜食，品质中上。

品种评价

高产；适应范围广；对寒、旱、涝、瘠、盐、风、日灼等恶劣环境有较强抵抗能力，对修剪反应不敏感。

生境

植株

枝叶

结果状

果实

西思雅板柿

Diospyros kaki Thunb. 'Xisiyabanshi'

调查编号： CAOQFMYP013

所属树种： 柿 *Diospyros kaki* Thunb.

提供人： 武居智
电　话： 13503594181
住　址： 山西省运城市万荣县贾村乡西思雅村

调查人： 曹秋芬
电　话： 13753480017
单　位： 山西省农业科学院生物技术研究中心

调查地点： 山西省运城市万荣县贾村乡西思雅村

地理数据： GPS数据（海拔：645m，经度：E110°39'12"，纬度：N35°18'59"）

样本类型： 叶、枝条

生境信息

来源于当地，生于田间平地，该土地为耕地，土壤质地为砂壤土，种植年限12年，伴生物种为苹果、桃。

植物学信息

1. 植株情况

乔木，生长势中等；树姿半开张，树形半圆形，树高5.5m，冠幅东西4.0m、南北3.6m，干高70cm，干周55cm；主干褐色，树皮块裂状。

2. 植物学特征

叶片大，长16cm，宽9cm，叶尖渐尖；雌雄异株，雄花聚伞花序，生于当年生枝下部，腋生，每花序有花5朵，有时更多，且能发育成果；雌花单生叶腋；雄花花萼4裂，裂片卵状三角形，长约4mm，基部宽约3mm，先端钝；花冠壶形，长约7mm，花冠管长约4mm，4裂，裂片旋转排列，半圆形，长约2mm，宽约3mm，有睫毛；雄蕊20～22枚，着生在花冠管的基部，每2枚合生成对，腹面2枚较短，花丝短，有长硬毛；花药线形，长6mm，渐尖，药隔背面疏生长硬毛；退化子房微小，密生长茸毛；花梗短，长约2mm；雌花花萼钟形，4裂，深裂至中裂，裂片宽卵形或近半圆形，先端骤短渐尖，两侧向背面反曲；花冠壶形或近钟形，4深裂，裂片旋转排列，宽卵形或近圆形，长约10mm，宽约11mm，先端向后反曲；退化雄蕊18枚，近线形，长约9mm，着生在花冠管基部，有长茸毛；雄花长约11mm，雌花较雄花大，长约2.8cm。

3. 果实性状

果实大小整齐，扁圆形，果实纵径4.9cm，横径7.4cm；可溶性固形物的含量为11%，最佳食用期为9月下旬至10月中旬。

4. 生物学习性

花期4～5月，果期9～10月，果实9月下旬成熟；果实宜鲜食，品质中上；可溶性固形物的含量为11%，最佳食用期为9月下旬至10月中旬。

品种评价

高产；果实可食用；对寒、旱、涝、瘠、盐、风、日灼等恶劣环境有较强抵抗能力，适应性广。

全貌

树上结果状

植株

枝叶

果实

橘蜜柿

Diospyros kaki Thunb. 'Jumishi'

调查编号：CAOQFMYP014

所属树种：柿 *Diospyros kaki* Thunb.

提 供 人：武居智
电　　话：13503594181
住　　址：山西省运城市万荣县贾村
　　　　　乡西思雅村

调 查 人：曹秋芬
电　　话：13753480017
单　　位：山西省农业科学院生物技
　　　　　术研究中心

调查地点：山西省运城市万荣县贾村
　　　　　乡西思雅村

地理数据：GPS数据（海拔：645m，
　　　　　经度：E110°39'12"，纬度：N35°18'59"）

样本类型：叶、枝条

生境信息

来源于当地，生于田间平地，该土地为耕地，土壤质地为砂壤土，种植年限30年，伴生物种为苹果、桃。

植物学信息

1. 植株情况

乔木，树姿半开张，树形半圆形，树高5.5m，冠幅东西5.2m、南北5.2m，干高50cm，干周85cm；主干褐色，树皮块裂状；生长势强。

2. 植物学特征

叶尖渐尖，叶片中等大小，长15cm，宽9cm；雌雄异株，雄花聚伞花序，生于当年生枝下部，腋生，每花序有花5朵，有时更多，且能发育成果；雌花单生叶腋；雄花花萼4裂，裂片卵状三角形，先端钝；花冠壶形，4裂，裂片旋转排列，半圆形，有睫毛；退化子房微小，密生长茸毛；花梗短，长约2mm；雌花花萼钟形，4裂，深裂至中裂，裂片宽卵形或近半圆形，先端骤短渐尖，两侧向背面反曲；花冠壶形或近钟形，外面在棱上疏生长茸毛，内面无毛，4深裂，裂片旋转排列，宽卵形或近圆形，先端向后反曲；雄花长约10mm，雌花较雄花大，长约2.8cm。

3. 果实性状

果实大小整齐，扁圆形，果实纵径3.9cm，横径5.8cm；果实橙黄色，可溶性固形物的含量为13%，最佳食用期为9月下旬至10月中旬。

4. 生物学习性

花期4～5月，果期9～10月，果实9月下旬成熟；果实宜鲜食，品质中上。

品种评价

高产；对寒、旱、涝、瘠、盐、风、日灼等恶劣环境有较强抵抗能力，适应性广。

生境

植株

枝叶

结果状

果实

虞乡圆甜柿

Diospyros kaki Thunb. 'Yuxiangyuantianshi'

调查编号：CAOQFMYP016

所属树种：柿 *Diospyros kaki* Thunb.

提 供 人：梁旺才
电　　话：0359－8108080
住　　址：山西省永济市虞乡镇虞乡村

调 查 人：孟玉平
电　　话：13643696321
单　　位：山西省农业科学院生物技术研究中心

调查地点：山西省永济市虞乡镇虞乡村

地理数据：GPS数据（海拔：396m，
经度：E110°37′15″，纬度：N34°51′54″）

样本类型：叶、枝条

生境信息

来源于当地，生于房屋旁、地头，地形是梯田，该土地为耕地，土壤质地为砂壤土，伴生物种为玉米、杂草。

植物学信息

1. 植株情况

乔木，树姿半开张，树形半圆形，树高3m，冠幅东西3m、南北3m，干高0.7m；主干褐色，树皮块裂状；分枝能力很旺，树冠形成快，侧枝分生多；生长势强。

2. 植物学特征

叶片肥大，叶色浓绿，叶肉厚实；光合作用能力强，花雌雄异株，雄花聚伞花序，生于当年生枝下部，腋生，每花序有花4~6朵，有时更多，且能发育成果；雌花单生叶腋；雄花花萼4裂，裂片卵状三角形，先端钝；花冠壶形，4裂，裂片旋转排列，半圆形；雌花花萼钟形，4裂，深裂至中裂，裂片宽卵形或近半圆形，先端骤短渐尖，两侧向背面反曲；花冠壶形或近钟形，外面在棱上疏生长茸毛，内面无毛，4深裂，裂片旋转排列，宽卵形或近圆形，先端向后反曲；雄花长约7mm，雌花较雄花大，长约2.7cm。

3. 果实性状

果实大小整齐，扁圆形，果顶微凹；果实纵径5.3cm，横径6.5cm；果实无纵沟，无缢痕；果皮薄，皮色橙红光亮，外表美观亮丽；果实含有可溶性单宁低，不需人工脱涩，不复生返涩；果肉甜脆细腻，含糖量17%~26%，味甜可口；最佳食用期为9月上旬至9月中旬。

4. 生物学习性

寿命长；花期4月，果期9月，果实9月上旬成熟；果实宜鲜食，品质中上。

品种评价

高产；对寒、旱、涝、瘠、盐、风、日灼等恶劣环境有较强抵抗能力；适应性广；果肉有深斑，影响美观。

生境

叶片与果实

栽叶

结果状

果实

虞乡甜柿

Diospyros kaki Thunb. 'Yuxiangtianshi'

调查编号： CAOQFMYP017

所属树种： 柿 *Diospyros kaki* Thunb.

提 供 人： 梁旺才
电　　话： 0359－8108080
住　　址： 山西省永济市虞乡镇虞乡村

调 查 人： 孟玉平
电　　话： 13643696321
单　　位： 山西省农业科学院生物技
　　　　　术研究中心

调查地点： 山西省永济市虞乡镇虞乡村

地理数据： GPS数据（海拔：396m，
　　　　　经度：E110°37'15"，纬度：N34°51'54"）

样本类型： 种子、果实、叶、枝条

生境信息

　　来源于当地，生于房屋旁、地头，地形是平地，该土地为耕地，土壤质地为壤土，种植年限12年，伴生物种为玉米、杂草；生长势弱。

植物学信息

1. 植株情况

　　乔木，树姿半开张，树形半圆形；树高4.5m，冠幅东西3.5m、南北3.95m，干高82cm，干周42cm。

2. 植物学特征

　　叶柄长约1cm；叶长圆形；叶长12cm，宽6cm；花雌雄异株，雄花聚伞花序，生于当年生枝下部，腋生，每花序有花4~6朵，有时更多，且能发育成果，雌花单生叶腋；雄花花萼4裂，裂片卵状三角形，先端钝；花冠壶形，4裂，裂片旋转排列，半圆形；雌花花萼钟形，4裂，深裂至中裂，裂片宽卵形或近半圆形，先端骤短渐尖，两侧向背面反曲；花冠壶形或近钟形，外面在棱上疏生长茸毛，内面无毛，4深裂，裂片旋转排列，宽卵形或近圆形，先端向后反曲；雄花长约7mm，雌花雄花大，长约2.7cm。

3. 果实性状

　　果实大小整齐，扁圆形，纵径4.1cm，横径6.7cm；果皮薄，皮色橙红光亮，外表美观亮丽；无纵沟，无缢痕；果实含有可溶性单宁低；果肉含糖量17%~26%。

4. 生物学习性

　　寿命长；花期4月，果期9~10月，最佳食用期为9月初至9月中旬。

品种评价

　　高产；对寒、旱、涝、瘠、盐、风、日灼等恶劣环境有较强抵抗能力；果实不需人工脱涩，不复生返涩；果肉甜脆细腻，味甜可口；果肉有深斑。

植株

结果状

枝叶

叶片与果实

果实

胎里红

Diospyros kaki Thunb. 'Tailihong'

调查编号： CAOQFMYP018

所属树种： 柿 *Diospyros kaki* Thunb.

提供人： 梁旺才
电　话： 0359 – 8108080
住　址： 山西省永济市虞乡镇虞乡村

调查人： 孟玉平
电　话： 13643696321
单　位： 山西省农业科学院生物技术研究中心

调查地点： 山西省永济市虞乡镇虞乡村

地理数据： GPS数据（海拔：370m，经度：E110°37'14.6"，纬度：N34°51'47.4"）

样本类型： 种子、果实、叶、枝条

生境信息

来源于当地，生于田间，地形是平地，该土地为耕地，土壤质地为壤土，种植年限12年，伴生物种为蔬菜，种植年限20年。

植物学信息

1. 植株情况

乔木，树姿半开张，树形半圆形，树高6.0m，冠幅东西4.1m、南北4.7m，干高74cm，干周58cm；生长势强。

2. 植物学特征

成熟枝条黄褐色，枝条嫩梢茸毛中，梢尖茸毛着色浅；幼叶黄绿色，茸毛疏，成龄叶近圆形，全缘，叶片革质光滑；花雌雄异株或杂性，雄花聚伞花序，生于当年生枝下部，腋生、单生，每花序有花4～6朵；雄花花萼4裂，裂片卵状三角形；花冠壶形，花冠管4裂，裂片旋转排列，近半圆形；退化子房微小，密生长茸毛；雌花单生叶腋，花萼钟形，4裂，深裂至中裂，裂片宽卵形或近半圆形，先端骤短渐尖，两侧向背面反曲；花冠壶形或近钟形，外面在棱上疏生长茸毛，内面无毛，4深裂，裂片旋转排列，宽卵形或近圆形，先端向后反曲；雄花长约7mm，雌花较雄花大，长约2.7cm。

3. 果实性状

果实扁圆形，果顶平或凹；果实纵径4.1cm，横径6.7cm；平均单果重170g；果皮橘红色或橙黄色，有光泽；肉质松软；宿存萼卵圆形，先端钝圆；少核或无核。

4. 生物学习性

寿命长；花期4月，果期9月，果实9月上旬成熟；果实宜鲜食，品质中上。

品种评价

高产；对寒、旱、涝、瘠、盐、风、日灼等恶劣环境有较强抵抗能力；果肉多汁味甜，有少量纤维。

植株

花

枝叶

结果状

叶与果实

虞乡牛心柿

Diospyros kaki Thunb. 'Yuxiangniuxinshi'

调查编号：CAOQFMYP019

所属树种：柿 *Diospyros kaki* Thunb.

提 供 人：梁旺才
电　　话：0359－8108080
住　　址：山西省永济市虞乡镇虞乡村

调 查 人：孟玉平
电　　话：13643696321
单　　位：山西省农业科学院生物技术研究中心

调查地点：山西省永济市虞乡镇虞乡村

地理数据：GPS数据（海拔：370m，经度：E110°37'14.6"，纬度：N34°51'47.4"）

样本类型：种子、果实、叶、枝条

生境信息

来源于当地，生于田间，地形是平地，该土地为耕地，土壤质地为壤土，种植年限12年，伴生物种为蔬菜，当地少量栽培。

植物学信息

1. 植株情况

乔木，树势强，树姿直立，树形圆头形，树高5.5m，冠幅东西4m、南北4m，干高1.2m；生长势强。

2. 植物学特征

嫩梢茸毛密度中等，梢尖茸毛着色浅，成熟枝条黄褐色；成龄叶长10cm，宽4cm，卵圆形，全缘；幼叶绿色带有黄斑，叶下表面叶脉间匍匐茸毛密，叶脉间直立茸毛密；花雌雄异株或杂性，雄花聚伞花序，生于当年生枝下部，腋生，单生，每花序有花4～6朵，有时更多，或中央1朵为雌花，且能发育成果；雄花花萼4裂，裂片卵状三角形；花冠壶形，花冠管4裂，裂片旋转排列，近半圆形；退化子房微小，密生长茸毛；雌花单生叶腋，花萼钟形，4裂，深裂至中裂，裂片宽卵形或近半圆形，先端骤短渐尖，两侧向背面反曲；花冠壶形或近钟形，外面在棱上疏生长茸毛，内面无毛，4深裂，裂片旋转排列，宽卵形或近圆形，先端向后反曲；雄花长约8mm，雌花较雄花大，长约2.7cm。

3. 果实性状

果实大小整齐；果实短圆锥形，果顶平或凹；果实大，纵径6.9cm，横径7.8cm；果皮橘红色或橙黄色，有光泽；肉质松软；少核或无核。

4. 生物学习性

花期4月，果期9月，果实9月上旬成熟，最佳食用期为9月上旬到9月中旬；果实宜鲜食，品质中上；果肉汁水丰富。

品种评价

高产；易感病；对寒、旱、涝、瘠、盐、风、日灼等恶劣环境有较强抵抗能力，对修剪反应不敏感；成熟期易落果，果肉有少量纤维。

植株

枝叶

果实

结果状

虞乡方甜柿

Diospyros kaki Thunb. 'Yuxiangfangtianshi'

调查编号：CAOQFMYP020

所属树种：柿 *Diospyros kaki* Thunb.

提 供 人：梁旺才
电　　话：0359－8108080
住　　址：山西省永济市虞乡镇虞乡村

调 查 人：孟玉平
电　　话：13643696321
单　　位：山西省农业科学院生物技术研究中心

调查地点：山西省永济市虞乡镇虞乡村

地理数据：GPS数据（海拔：370m，经度：E110°37′14.6″，纬度：N34°51′47.4″）

样本类型：种子、果实、叶、枝条

生境信息

来源于当地，生于田间，地形是平地，该土地为耕地，土壤质地为壤土，种植年限12年，伴生物种为蔬菜，当地少量栽培。

植物学信息

1. 植株情况

乔木，树势中等，树姿半开张，树形半圆形；树高3.5m，冠幅东西2.5m、南北2m，干高60cm；生长势强。

2. 植物学特征

叶柄长6~10mm，叶长6.5~17cm，宽3.5~10cm；叶正面深绿色，背面绿色；叶纸质，椭圆形，先端短渐尖，基部宽楔形；边缘稍背卷；中脉在上面稍凹下，在下面凸起，侧脉每边7~9条，在上面微凹，上面稍凸起，小脉很纤细，结成小网状，上面微凹，下面微凸起，侧脉间有近横行的脉相连；花雌雄异株，雄花的聚伞花序生在当年生枝下部，腋生，每花序有花4~6朵，有时更多，且能发育成果，雌花单生叶腋；雄花花萼4裂，裂片卵状三角形，先端钝；花冠壶形，4裂，裂片旋转排列，半圆形；雌花花萼钟形，4裂，深裂至中裂，裂片宽卵形或近半圆形，先端骤短渐尖，两侧向背面反曲；花冠壶形或近钟形，4棱，外面在棱上疏生长茸毛，内面无毛，4深裂，裂片旋转排列，宽卵形或近圆形，先端向后反曲；雄花长约8mm，雌花较雄花大，长约2.7cm。

3. 果实性状

果实大小整齐，方形，果面有纵纹；果实纵径5.0cm，横径7.0cm；生食甜脆果实，可溶性固形物含量为15%；少核或无核。

4. 生物学习性

花期4~5月，果期9~10月，果实9月下旬成熟；果实宜鲜食，品质中上。

品种评价

高产；对寒、旱、涝、瘠、盐、风、日灼等恶劣环境有较强抵抗能力，对修剪反应不敏感。

结果状

叶片

枝叶

果实

果实剖面

虞乡水柿

Diospyros kaki Thunb. 'Yuxiangshuishi'

调查编号： CAOQFMYP021

所属树种： 柿 *Diospyros kaki* Thunb.

提 供 人： 梁旺才
电　　话： 0359－8108080
住　　址： 山西省永济市虞乡镇虞乡村

调 查 人： 孟玉平
电　　话： 13643696321
单　　位： 山西省农业科学院生物技术研究中心

调查地点： 山西省永济市虞乡镇虞乡村

地理数据： GPS数据（海拔：370m，经度：E110°37'14.6"，纬度：N34°51'47.4"）

样本类型： 种子、果实、叶、枝条

生境信息

来源于当地，生于田间，地形是平地，该土地为耕地，土壤质地为壤土，伴生物种为蔬菜。

植物学信息

1. 植株情况

乔木，树势强，树姿直立，树形圆头形，树高6.0m，冠幅东西4.5m、南北5m，干高60cm，干周45cm；生长势强。

2. 植物学特征

叶柄长6～10mm，叶长6.5～17cm，宽3.5～10cm；叶正面深绿色，背面绿色；叶纸质，椭圆形，先端短渐尖，基部宽楔形，边缘稍背卷；中脉在上面稍凹下，在下面凸起，侧脉每边7～9条，在上面微凹，上面稍凸起，小脉很纤细，结成小网状，上面微凹，下面微凸起，侧脉间有近横行的脉相连。

花雌雄异株，雄花的聚伞花序生在当年生枝下部，腋生，每花序有花4～6朵，有时更多，且能发育成果，雌花单生叶腋；雄花花萼4裂，裂片卵状三角形，先端钝；花冠壶形，4裂，裂片旋转排列，半圆形；雌花花萼钟形，4裂，深裂至中裂，裂片宽卵形或近半圆形，先端骤短渐尖，两侧向背面反曲；花冠壶形或近钟形，多4深裂，裂片旋转排列，宽卵形或近圆形，先端向后反曲；雄花长约8mm，雌花较雄花大，长约2.7cm。

3. 果实性状

果实大小整齐，扁圆形，略呈四棱；果顶平或凹；果实纵径4.7cm，横径5.7cm；果实成熟时橘红色；果肉细，可溶性固形物含量为14%。果基部圆，梗洼广深；心室肾形，少核或无核。

4. 生物学习性

花期4～5月，果期9～10月，果实10月上旬成熟；果实宜鲜食，品质中上。

品种评价

高产；对寒、旱、涝、瘠、盐、风、日灼等恶劣环境有较强抵抗能力；晚熟，果肉细腻，品质好。

生境

花

枝叶

结果状

果实

虞乡珠柿

Diospyros kaki Thunb. 'Yuxiangzhushi'

调查编号：CAOQFMYP022

所属树种：柿 *Diospyros kaki* Thunb.

提 供 人：赵新虎
电　　话：0359－8266103
住　　址：山西省永济市虞乡镇虞乡村

调 查 人：孟玉平
电　　话：13643696321
单　　位：山西省农业科学院生物技
　　　　　术研究中心

调查地点：山西省永济市虞乡镇虞乡村

地理数据：GPS数据（海拔：370m，
　　　　　经度：E110°37'14.6"，纬度：N34°51'47.4"）

样本类型：种子、果实、叶、枝条

生境信息

来源于当地，生于田间平地，该土地为耕地，土壤质地为壤土，伴生物种为蔬菜，种植年限10年，在当地小范围种植。

植物学信息

1. 植株情况

乔木，树势强，树姿直立，树形圆头形，树高7.0m，冠幅东西4m、南北4m，干高70cm，干周27cm。

2. 植物学特征

叶柄长6～10mm，叶长6.5～17cm，宽3.5～10cm；叶正面深绿色，背面绿色；叶纸质，椭圆形，先端短渐尖，基部宽楔形，边缘稍背卷；中脉在上面稍凹下，在下面凸起，侧脉每边7～9条，在上面微凹，上面稍凸起，小脉很纤细，结成小网状，上面微凹，下面微凸起，侧脉间有近横行的脉相连。

花雌雄异株，雄花的聚伞花序生在当年生枝下部，腋生，每花序有花4～6朵，有时更多，且能发育成果，雌花单生叶腋；雄花花萼4裂，裂片卵状三角形，先端钝；花冠壶形，4裂，裂片旋转排列，半圆形；雌花花萼钟形，4裂，深裂至中裂，裂片宽卵形或近半圆形，先端骤短渐尖，两侧向背面反曲；花冠壶形或近钟形，4深裂，裂片旋转排列，宽卵形或近圆形，先端向后反曲；雌花较雄花大，长约2.7cm。

3. 果实性状

果实大小整齐，卵圆形；果个小，果实纵径3.8cm，横径3.7cm；坐果率高，成串；果皮橘红色或橙黄色，有光泽；肉质松软，可溶性固形物含量为11%；少核或无核。

4. 生物学习性

花期4～5月，果期9～10月，果实9月下旬成熟；果实宜鲜食，品质中上。

品种评价

高产；对寒、旱、涝、瘠、盐、风、日灼等恶劣环境有较强抵抗能力，对修剪反应不敏感；主要用于食用软柿子。

生境

茎尖

枝叶

花

结果状

果实

果实剖面

平陆蜜罐柿

Diospyros kaki Thunb. 'Pinglumiguanshi'

调查编号： CAOQFMYP023

所属树种： 柿 *Diospyros kaki* Thunb.

提 供 人： 赵海亮
电　　话： 13934097053
住　　址： 山西省运城市平陆县金童
　　　　　果品公司

调 查 人： 孟玉平
电　　话： 13643696321
单　　位： 山西省农业科学院生物技
　　　　　术研究中心

调查地点： 山西省运城市平陆县杜马
　　　　　乡转村

地理数据： GPS数据（海拔：488m，
　　　　　经度：E111°08'43.15"，纬度：N34°50'28.20"）

样本类型： 种子、果实、叶、枝条

🗒 生境信息

来源于当地，生于庭院、地边坡度15°的坡地，土壤质地为壤土，伴生物种为小麦、玉米等，种植年限70年以上，在当地零星栽培。

📰 植物学信息

1. 植株情况

乔木，树势强，树姿直立，树形圆锥形，树高12m，冠幅东西6m、南北6m，干高2m，干周50cm；生长势强。

2. 植物学特征

叶柄长6~10mm，叶长6.5~17cm，宽3.5~10cm；叶正面深绿色，背面绿色；叶纸质，椭圆形，先端短渐尖，基部宽楔形，边缘稍背卷，中脉在正面稍凹下，在背面凸起，侧脉每边7~9条，在正面微凹，背面稍凸起，小脉很纤细，结成小网状，正面微凹，背面微凸起，侧脉间有近横行的脉相连。

花雌雄异株，雄花的聚伞花序生在当年生枝下部，腋生，每花序有花4~6朵，有时更多，且能发育成果，雌花单生叶腋；雄花花萼4裂，裂片卵状三角形，先端钝；花冠壶形，4裂，裂片旋转排列，半圆形；雌花花萼钟形，4裂，深裂至中裂，裂片宽卵形或近半圆形，先端骤短渐尖，两侧向背面反曲；花冠壶形或近钟形，4深裂，裂片旋转排列，宽卵形或近圆形，先端向后反曲；雄花长约8mm，雌花较雄花大，长约2.7cm。

3. 果实性状

果实卵圆形，果顶平或凹；果实大小整齐，果实纵径4.1cm，横径3.8cm；果皮橘红色或橙黄色，有光泽；肉质松软，可溶性固形物含量为20%；宿存萼卵圆形，先端钝圆；少核或无核。

4. 生物学习性

寿命长；花期4~5月，果期9~10月，果实10月上旬成熟；果实宜鲜食，品质上。

📋 品种评价

高产；对寒、旱、涝、瘠、盐、风、日灼等恶劣环境有较强抵抗能力，对修剪反应不敏感；果实易脱涩。

植株

枝叶

果实

果实剖面

结果状

平陆火柿

Diospyros kaki Thunb. 'Pingluhuoshi'

调查编号：CAOQFMYP024

所属树种：柿 *Diospyros kaki* Thunb.

提 供 人：赵海亮
电　　话：13934097053
住　　址：山西省运城市平陆县金童果品公司

调 查 人：孟玉平
电　　话：13643696321
单　　位：山西省农业科学院生物技术研究中心

调查地点：山西省运城市平陆县杜马乡转村

地理数据：GPS数据（海拔：488m，经度：E111°08'43.15"，纬度：N34°50'28.20"）

样本类型：种子、果实、叶、枝条

生境信息

来源于当地，生于庭院、地边坡度15°的坡地，土壤质地为壤土，伴生物种为小麦、玉米等，种植年限30年，在当地零星栽培。

植物学信息

1. 植株情况

乔木，树势强，树姿直立，树形圆头形，树高10m，冠幅东西5m、南北6m，干高3m，干周30cm，树皮块状裂；生长势强。

2. 植物学特征

叶柄长6～10mm，叶长6.5～17cm，宽3.5～10cm；叶正面深绿色，背面绿色；叶纸质，椭圆形，先端短渐尖，基部宽楔形，边缘稍背卷，中脉在正面稍凹下，在背面凸起，侧脉每边7～9条，在正面微凹，背面稍凸起，小脉很纤细，结成小网状，正面微凹，背面微凸起，侧脉间有近横行的脉相连。

花雌雄异株，雄花的聚伞花序生在当年生枝下部，腋生，每花序有花4～6朵，有时更多，且能发育成果，雌花单生叶腋；雄花花萼4裂，裂片卵状三角形，先端钝；花冠壶形，4裂，裂片旋转排列，半圆形；雌花花萼钟形，4裂，深裂至中裂，裂片宽卵形或近半圆形，先端骤短渐尖，两侧向背面反曲；花冠壶形或近钟形，4深裂，裂片旋转排列，宽卵形或近圆形，先端向后反曲；雄花长约8mm，雌花较雄花大，长约2.7cm。

3. 果实性状

果实大小整齐，果实扁圆形；果实纵径4.1cm，横径3.8cm；果皮橘红色或橙黄色，有光泽；肉质松软；多汁味甜，纤维少；少核或无核。

4. 生物学习性

寿命长；花期4～5月，果期9～10月，果实10月上旬成熟；果实宜鲜食，品质中上。

品种评价

高产；对寒、旱、涝、瘠、盐、风、日灼等恶劣环境有较强抵抗能力，对修剪反应不敏感；果肉有深斑点。

植株

花

枝叶

结果状

果实

平陆翁柿

Diospyros kaki Thunb. 'Pingluwengshi'

- 调查编号：CAOQFMYP025
- 所属树种：柿 *Diospyros kaki* Thunb.
- 提 供 人：赵海亮
  电　　话：13934097053
  住　　址：山西省运城市平陆县金童果品公司
- 调 查 人：孟玉平
  电　　话：13643696321
  单　　位：山西省农业科学院生物技术研究中心
- 调查地点：山西省运城市平陆县杜马乡转村
- 地理数据：GPS数据（海拔：488m，经度：E111°08'43.15"，纬度：N34°50'28.20"）
- 样本类型：种子、果实、叶、枝条

生境信息

来源于当地，生于庭院坡度15°的坡地，土壤质地为壤土，伴生物种为小麦、玉米，在当地零星栽培。

植物学信息

1. 植株情况

乔木，树势强；树姿半开张，树形圆头形；树高6m，冠幅东西3.5m、南北4m，干高2.5m，干周20cm；生长势强。

2. 植物学特征

叶柄长6～10mm，叶长6.5～17cm，宽3.5～10cm；叶纸质，叶正面深绿色，背面绿色；叶椭圆形，先端短渐尖，基部宽楔形，边缘稍背卷；中脉在正面稍凹下，在背面凸起，侧脉每边7～9条，在正面微凹，背面稍凸起，小脉很纤细，结成小网状，正面微凹，背面微凸起，侧脉间有近横行的脉相连。

花雌雄异株，雄花的聚伞花序生在当年生枝下部，腋生，每花序有花4～6朵，有时更多，且能发育成果，雌花单生叶腋；雄花花萼4裂，裂片卵状三角形，先端钝；花冠壶形，4裂，裂片旋转排列，半圆形；雌花花萼钟形，4裂，深裂至中裂，裂片宽卵形或近半圆形，先端骤短渐尖，两侧向背面反曲；花冠壶形或近钟形，4深裂，裂片旋转排列，宽卵形或近圆形，先端向后反曲；雄花长约8mm，雌花较雄花大，长约2.7cm。

3. 果实性状

果实扁圆形，果顶平或凹；果实大小整齐，果实纵径5.6cm，横径6.25cm；果皮橘红色或橙黄色；肉质松软，宿存萼卵圆形，先端钝圆；少核或无核。

4. 生物学习性

寿命长；花期4～5月，果期9～10月，果实10月上旬成熟；果实宜鲜食加工，品质中上。

品种评价

高产；耐贫瘠；对寒、旱、涝、瘠、盐、风、日灼等恶劣环境有较强抵抗能力，对修剪反应不敏感；加工为柿饼极佳。

枝叶

果实

植株

结果状

坪上塔柿

Diospyros kaki Thunb. 'Pingshangtashi'

调查编号： CAOQFMYP034

所属树种： 柿 *Diospyros kaki* Thunb.

提 供 人： 边俊河
电　　话： 13934440305
住　　址： 山西省忻州市五台县神西乡坪上村

调 查 人： 孟玉平
电　　话： 13643696321
单　　位： 山西省农业科学院生物技术研究中心

调查地点： 山西省忻州市五台县神西乡坪上村

地理数据： GPS数据（海拔：677m，
经度：E113°16'46"，纬度：N38°30'48"）

样本类型： 种子、果实、叶、枝条

生境信息

来源于当地，生于田间，地形为河谷，土壤质地为壤土。

植物学信息

1. 植株情况

乔木，树势强；树姿半开张，树形圆头形；树高13m，冠幅东西3.5m、南北6m，干高2.5m，干周80cm；生长势强。

2. 植物学特征

叶柄长6～10mm，长6.5～17cm，宽3.5～10cm；叶正面深绿色，背面绿色；叶纸质，椭圆形，先端短渐尖，基部宽楔形，边缘稍背卷；中脉在正面稍凹下，在背面凸起，侧脉每边7～9条，在正面微凹，背面稍凸起，小脉很纤细，结成小网状，正面微凹，背面微凸起，侧脉间有近横行的脉相连。花雌雄异株或杂性，雄花聚伞花序，生于当年生枝下部，腋生，每花序有花4～5朵，有时更多，或中央1朵为雌花，且能发育成果；雄花花萼4裂，裂片卵状三角形；花冠壶形，花冠管4裂，裂片旋转排列，近半圆形；退化子房微小，密生长茸毛；雌花单生叶腋，花萼钟形，4裂，深裂至中裂，裂片宽卵形或近半圆形，先端骤短渐尖，两侧向背面反曲；花冠壶形或近钟形，外面在棱上疏生长茸毛，内面无毛，4深裂，裂片旋转排列，宽卵形或近圆形，先端向后反曲；雄花长约9mm，雌花较雄花大，长约2.0cm。

3. 果实性状

果实扁圆形，果顶平，有果盖；果实大小整齐，中等大，果实纵径4.9cm，横径8.3cm；果实中部有缢痕；果皮橘红色或橙黄色，有光泽；心室竹叶形，少核或无核。

4. 生物学习性

花期4～5月，果期9～10月，果实10月上旬成熟；果实宜鲜食，品质中上。

品种评价

高产；对寒、旱、涝、瘠、盐、风、日灼等恶劣环境有较强抵抗能力，对修剪反应不敏感；果实呈塔状，外形美观。

生境

果实

植株

叶片

结果状

果实

坪上橡柿

Diospyros kaki Thunb. 'Pingshangchuanshi'

- 调查编号：CAOQFMYP035

- 所属树种：柿 *Diospyros kaki* Thunb.

- 提 供 人：边俊河
  电　　话：13934440305
  住　　址：山西省忻州市五台县神西乡坪上村

- 调 查 人：孟玉平
  电　　话：13643696321
  单　　位：山西省农业科学院生物技术研究中心

- 调查地点：山西省忻州市五台县神西乡坪上村

- 地理数据：GPS数据（海拔：677m，经度：E113°16'46"，纬度：N38°30'48"）

- 样本类型：种子、果实、叶、枝条

生境信息

来源于当地，生于田间，地形为河谷，土壤质地为壤土。

植物学信息

1. 植株情况

乔木，树势强；树姿半开张，树形圆头形；树高16m，冠幅东西3.5m、南北4m，干高3m，干周40cm；生长势强。

2. 植物学特征

叶柄长6~10mm，长6.5~17cm，宽3.5~10cm；叶正面深绿色，背面绿色；叶纸质，椭圆形，先端短渐尖，基部宽楔形，边缘稍背卷；中脉在正面稍凹下，在背面凸起，侧脉每边7~9条，在正面微凹，背面稍凸起，小脉很纤细，结成小网状，正面微凹，背面微凸起，侧脉间有近横行的脉相连。

花雌雄异株，雄花的聚伞花序生在当年生枝下部，腋生，每花序有花4~6朵，有时更多，且能发育成果，雌花单生叶腋；雄花花萼4裂，裂片卵状三角形，先端钝；花冠壶形，4裂，裂片旋转排列，半圆形；雌花花萼钟形，4裂，深裂至中裂，裂片宽卵形或近半圆形，先端骤短渐尖，两侧向背面反曲；花冠壶形或近钟形，4深裂，裂片旋转排列，宽卵形或近圆形，先端向后反曲；雄花长约8mm，雌花较雄花大，长约2.7cm。

3. 果实性状

果实大小整齐，方形，有4个棱角，4个凹线，有小果盖；果实纵径6.3cm，横径5.4cm；无核或少核。

4. 生物学习性

寿命长；花期4~5月，果期9~10月，果实10月上旬成熟；果实宜鲜食，品质中上。

品种评价

高产；对寒、旱、涝、瘠、盐、风、日灼等恶劣环境有较强抵抗能力。

植株

枝叶

果实剖面

结果状

蜀黄柿

Diospyros kaki Thunb. 'Shuhuangshi'

调查编号： CAOQFMYP036

所属树种： 柿 *Diospyros kaki* Thunb.

提 供 人： 刘正红
电　　话： 13753608827
住　　址： 山西省晋城市沁水县胡底乡蒲池村

调 查 人： 孟玉平
电　　话： 13643696321
单　　位： 山西省农业科学院生物技术研究中心

调查地点： 山西省晋城市沁水县胡底乡蒲池村

地理数据： GPS数据（海拔：684m，经度：E112°34'15"，纬度：N35°43'30"）

样本类型： 种子、果实、叶、枝条

生境信息

来源于当地，生于地堰，地形为平地，土壤质地为黏土，伴生物种为玉米、谷子。

植物学信息

1. 植株情况

乔木，树势强；树姿半开张，树形圆头形；树高20m，冠幅东西3.5m、南北10m，干高1.8m，干周16cm；生长势强。

2. 植物学特征

叶柄长6～10mm，叶长6.5～17cm，宽3.5～10cm；叶正面深绿色，背面绿色；叶纸质，椭圆形，先端短渐尖，基部宽楔形，边缘稍背卷；中脉在正面稍凹下，在背面凸起，侧脉每边7～9条，在正面微凹，背面稍凸起，小脉很纤细，结成小网状，正面微凹，背面微凸起，侧脉间有近横行的脉相连。

花雌雄异株，雄花的聚伞花序生在当年生枝下部，腋生，实单生，每花序有花4～6朵，有时更多，且能发育成果，雌花单生叶腋；雄花花萼4裂，裂片卵状三角形，先端钝；花冠壶形，4裂，裂片旋转排列，半圆形；雌花花萼钟形，4裂，深裂至中裂，裂片宽卵形或近半圆形，先端骤短渐尖，两侧向背面反曲；花冠壶形或近钟形，4深裂，裂片旋转排列，宽卵形或近圆形，先端向后反曲；雄花长约8mm，雌花较雄花大，长约2.7cm。

3. 果实性状

果实大小整齐，短扁圆形，果顶略尖；果实纵径4.8cm，横径6.0cm；平均单果重57g，最大单果重67g。

4. 生物学习性

寿命长；花期4～5月，果期9～10月，果实10月上旬成熟；果实宜鲜食，品质中上。

品种评价

高产；对寒、旱、涝、瘠、盐、风、日灼等恶劣环境有较强抵抗能力，对修剪反应不敏感。

植株

枝叶

果实

结果株

水沙红

Diospyros kaki Thunb. 'Shuishahong'

- 调查编号：CAOQFMYP038

- 所属树种：柿 *Diospyros kaki* Thunb.

- 提 供 人：李新社
  电　　话：13610665003
  住　　址：山西省晋城市沁水县扬河小区

- 调 查 人：孟玉平
  电　　话：13643696321
  单　　位：山西省农业科学院生物技术研究中心

- 调查地点：山西省晋城市阳城县芹池镇芹池村

- 地理数据：GPS数据（海拔：752m，经度：E112°19'46"，纬度：N35°36'15"）

- 样本类型：种子、果实、叶、枝条

生境信息

来源于当地，生于地堰，地形为向南的坡地，土壤质地为黏壤土，伴生物种为玉米、谷子。

植物学信息

1. 植株情况

乔木，树势强；树姿半开张，树形圆头形；树高12m，冠幅东西3.5m、南北7.0m，干高2m，干周120cm；生长势强。

2. 植物学特征

叶柄长6～10mm，叶长6.5～17cm，宽3.5～10cm；叶正面深绿色，背面绿色；叶椭圆形，先端短渐尖，基部宽楔形，边缘稍背卷；中脉在正面稍凹下，在背面凸起，侧脉每边7～9条，在正面微凹，背面稍凸起，小脉很纤细，结成小网状，正面微凹，背面微凸起，侧脉间有近横行的脉相连。

花雌雄异株，雄花的聚伞花序生在当年生枝下部，腋生，每花序有花4～6朵，有时更多，且能发育成果，雌花单生叶腋；雄花花萼4裂，裂片卵状三角形，先端钝；花冠壶形，4裂，裂片旋转排列，半圆形；雌花花萼钟形，4裂，深裂至中裂，裂片宽卵形或近半圆形，先端骤短渐尖，两侧向背面反曲；花冠壶形或近钟形，4深裂，裂片旋转排列，宽卵形或近圆形，先端向后反曲；雄花长约8mm，雌花较雄花大，长约2.7cm。

3. 果实性状

果实大小整齐，扁圆形；果实纵径4.1cm，横径5.5cm；平均单果重60g，最大单果重74g；果实底色橙黄，果粉有光泽；果梗短；可溶性固形物含量为11%～12%，果实脱涩、放软后，肉细、汁水多、皮薄，红里透亮，色泽艳丽。

4. 生物学习性

寿命长；花期4～5月，果期9～10月，果实10月上旬成熟；果实宜鲜食，品质中上。

品种评价

高产；对寒、旱、涝、瘠、盐、风、日灼等恶劣环境有较强抵抗能力，对修剪反应不敏感；果肉有深斑。

生境

植株

枝叶

果实

果实剖面

天苍柿

Diospyros kaki Thunb. 'Tiancangshi'

调查编号：CAOQFMYP039

所属树种：柿 *Diospyros kaki* Thunb.

提供人：李新社
电　话：13610665003
住　址：山西省晋城市沁水县扬河小区

调查人：孟玉平
电　话：13643696321
单　位：山西省农业科学院生物技术研究中心

调查地点：山西省晋城市阳城县芹池镇芹池村

地理数据：GPS数据（海拔：754m，经度：E112°19'46"，纬度：N35°36'17"）

样本类型：种子、果实、叶、枝条

生境信息

来源于当地，生于地堰，地形为向南的坡地，土壤质地为黏壤土，伴生物种为玉米、谷子。

植物学信息

1. 植株情况

乔木，树高10m，冠幅东西3.5m、南北7m，干高3m，干周110cm；生长势强。

2. 植物学特征

叶柄长6～10mm，叶长6.5～17cm，宽3.5～10cm；叶正面深绿色，背面绿色；叶纸质，椭圆形，先端短渐尖，基部宽楔形，边缘稍背卷；中脉在正面稍凹下，在背面凸起，侧脉每边7～9条，在正面微凹，背面稍凸起，小脉很纤细，结成小网状，正面微凹，背面微凸起，侧脉间有近横行的脉相连。

花雌雄异株，雄花的聚伞花序生在当年生枝下部，腋生，每花序有花4～6朵，有时更多，且能发育成果，雌花单生叶腋；雄花花萼4裂，裂片卵状三角形，先端钝；花冠壶形，4裂，裂片旋转排列，半圆形；雌花花萼钟形，4裂，深裂至中裂，裂片宽卵形或近半圆形，先端骤短渐尖，两侧向背面反曲；花冠壶形或近钟形，4深裂，裂片旋转排列，宽卵形或近圆形，先端向后反曲；雄花长约8mm，雌花较雄花大，长约2.7cm。

3. 果实性状

果实大小整齐，扁圆形，果实纵径4.3cm，横径6.1cm，平均单果重85.8g，最大单果重104g；可溶性固形物含量为14%～15%，放软后肉厚，最外层的薄皮不易剥离，果肉发绵，水分少，果实中间空心大，易感染霉菌。

4. 生物学习性

寿命长；花期4～5月，果期9～10月，果实10月上旬成熟；果实宜鲜食，品质中上。

品种评价

高产；对寒、旱、涝、瘠、盐、风、日灼等恶劣环境有较强抵抗能力，对修剪反应不敏感。

植株

果实

果实剖面

枝叶

芹池小柿

Diospyros kaki Thunb. 'Qinchixiaoshi'

调查编号：CAOQFMYP040

所属树种：柿 *Diospyros kaki* Thunb.

提 供 人：李新社
电　　话：13610665003
住　　址：山西省晋城市沁水县扬河小区

调 查 人：孟玉平
电　　话：13643696321
单　　位：山西省农业科学院生物技术研究中心

调查地点：山西省晋城市阳城县芹池镇芹池村

地理数据：GPS数据（海拔：751m，经度：E112°19'46"，纬度：N35°36'17"）

样本类型：种子、果实、叶、枝条

生境信息

来源于当地，生于地堰，地形为向南的坡地，土壤质地为黏壤土，伴生物种为玉米、谷子。

植物学信息

1. 植株情况

乔木，树形乱头形，树高9m，冠幅东西3.5m、南北7m，干高1.3m，干周110cm，生长势强。

2. 植物学特征

叶柄长6～10mm，叶长6.5～17cm，宽3.5～10cm；叶上面深绿色，下面绿色；叶纸质，椭圆形，先端短渐尖，基部宽楔形，边缘稍背卷；中脉在正面稍凹下，在背面凸起，侧脉每边7～9条，在正面微凹，背面稍凸起，小脉很纤细，结成小网状，正面微凹，背面微凸起，侧脉间有近横行的脉相连。

花雌雄异株，雄花的聚伞花序生在当年生枝下部，腋生，每花序有花4～6朵，有时更多，且能发育成果，雌花单生叶腋；雄花花萼4裂，裂片卵状三角形，先端钝；花冠壶形，4裂，裂片旋转排列，半圆形；雌花花萼钟形，4裂，深裂至中裂，裂片宽卵形或近半圆形，先端骤短渐尖，两侧向背面反曲；花冠壶形或近钟形，4深裂，裂片旋转排列，宽卵形或近圆形，先端向后反曲；雄花长约8mm，雌花较雄花大，长约2.7cm。

3. 果实性状

果实近圆形，果顶略凹；果实纵径4.3cm，横径4.4cm，平均单果重51.4g，最大单果重61g；少核或无核。

4. 生物学习性

寿命长；花期4～5月，果期9～10月，果实10月上旬成熟；果实宜鲜食，品质中上。

品种评价

高产；对寒、旱、涝、瘠、盐、风、日灼等恶劣环境有较强抵抗能力，对修剪反应不敏感。

枝叶

果实

果实剖面

植株

结果状

襄垣柿 1 号

Diospyros kaki Thunb. 'Xiangyuanshi 1'

- 调查编号：CAOQFMYP044
- 所属树种：柿 *Diospyros kaki* Thunb.
- 提 供 人：常建国
  电　　话：15835520388
  住　　址：山西省长治市襄垣县古韩镇桃树村
- 调 查 人：孟玉平
  电　　话：13643696321
  单　　位：山西省农业科学院生物技术研究中心
- 调查地点：山西省长治市襄垣县古韩镇桃树村
- 地理数据：GPS数据（海拔：989m，经度：E112°59'00"，纬度：N36°32'32"）
- 样本类型：种子、果实、叶、枝条

生境信息

来源于当地，生于苹果树园，地形为平地，土壤质地为壤土，伴生物种为苹果。

植物学信息

1. 植株情况

落叶乔木；高达14m，胸径达40cm，树干通直；树皮深灰色或灰褐色，成薄片状剥落，露出白色的内皮；树冠阔卵形或半球形，枝叶中等疏密至略疏，约在树高一半处分枝；生长势强。

2. 植物学特征

叶柄长8mm，叶长18cm，宽6cm；叶正面深绿色，背面绿色；叶纸质，椭圆形，先端短渐尖，基部宽楔形，边缘稍背卷；中脉在正面稍凹下，在背面凸起，侧脉每边7~9条，在正面微凹，背面稍凸起，小脉很纤细，结成小网状，正面微凹，背面微凸起，侧脉间有近横行的脉相连。

花雌雄异株，雄花的聚伞花序生在当年生枝下部，腋生，每花序有花4~6朵，有时更多，且能发育成果，雌花单生叶腋；雄花花萼4裂，裂片卵状三角形，先端钝；花冠壶形，4裂，裂片旋转排列，半圆形；雌花花萼钟形，4裂，深裂至中裂，裂片宽卵形或近半圆形，先端骤短渐尖，两侧向背面反曲；花冠壶形或近钟形，4深裂，裂片旋转排列，宽卵形或近圆形，先端向后反曲；雄花长约7mm，雌花较雄花大，长约2.7cm。

3. 果实性状

果实上有0.6cm左右的盖，果实高桩，顶部缩小，有4棱4凹；果实纵径6.2cm，横径4.4cm，平均单果重115g，最大单果重121g。

4. 生物学习性

寿命长；花期4~5月，果期9~10月，果实10月上旬成熟；果实宜鲜食，品质中上。

品种评价

高产；对寒、旱、涝、瘠、盐、风、日灼等恶劣环境有较强抵抗能力，对修剪反应不敏感。

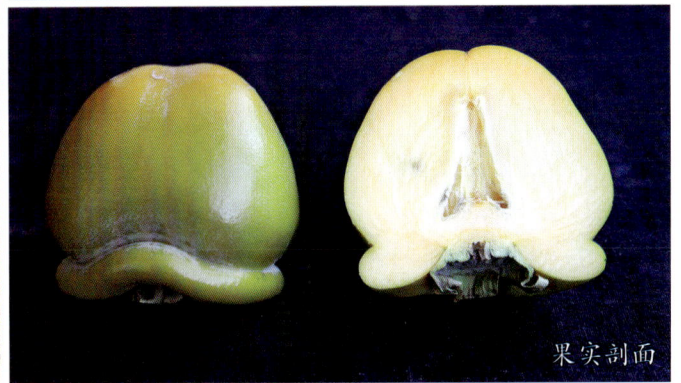

花

果实

果实剖面

植株

结果状

襄垣柿 2 号

Diospyros kaki Thunb. 'Xiangyuanshi 2'

调查编号：CAOQFMYP045

所属树种：柿 *Diospyros kaki* Thunb.

提 供 人：常建国
电　　话：15835520388
住　　址：山西省长治市襄垣县古韩镇桃树村

调 查 人：孟玉平
电　　话：13643696321
单　　位：山西省农业科学院生物技术研究中心

调查地点：山西省长治市襄垣县古韩镇桃树村

地理数据：GPS数据（海拔：989m，经度：E112°59'00"，纬度：N36°32'32"）

样本类型：种子、果实、叶、枝条

生境信息

来源于当地，生于苹果树园，地形为平地，土壤质地为壤土，伴生物种为苹果。

植物学信息

1. 植株情况

落叶乔木，高达14m，胸径达40cm，树干通直；树皮深灰色或灰褐色，成薄片状剥落，露出白色的内皮；树冠阔卵形或半球形，枝叶中等疏密至略疏，约在树高一半处分枝。

2. 植物学特征

叶柄长6mm，叶长17cm，宽5cm；叶正面深绿色，背面绿色；叶纸质，椭圆形，先端短渐尖，基部宽楔形，边缘稍背卷；中脉在正面稍凹下，在背面凸起，侧脉每边7条，在正面微凹，背面稍凸起，小脉很纤细，结成小网状，正面微凹，背面微凸起，侧脉间有近横行的脉相连。

花雌雄异株，雄花的聚伞花序生在当年生枝下部，腋生，每花序有花4~6朵，有时更多，且能发育成果，雌花单生叶腋；雄花花萼4裂，裂片卵状三角形，先端钝；花冠壶形，4裂，裂片旋转排列，半圆形；雌花花萼钟形，4裂，深裂至中裂，裂片宽卵形或近半圆形，先端骤短渐尖，两侧向背面反曲；花冠壶形或近钟形，4深裂，裂片旋转排列，宽卵形或近圆形，先端向后反曲；雄花长约8mm，雌花较雄花大，长约2.7cm。

3. 果实性状

果实高、尖、有盖，盖小于横径；果实纵径6.2cm，横径6.0cm。

4. 生物学习性

寿命长；花期4~5月，果期9~10月，果实10月上旬成熟；果实宜鲜食，品质中上。

品种评价

高产；对寒、旱、涝、瘠、盐、风、日灼等恶劣环境有较强抵抗能力，对修剪反应不敏感。

生境

花

叶片

结果状

果实

汾阳牛心柿

Diospyros kaki Thunb. 'Fenyangniuxinshi'

調查編号: CAOQFMYP048

所属树种: 柿 *Diospyros kaki* Thunb.

提供人: 孙海峰
电话: 18530982362
住址: 山西省汾阳市栗家庄乡桑枣坡村

调查人: 孟玉平
电话: 13643696321
单位: 山西省农业科学院生物技术研究中心

调查地点: 山西省吕梁市汾阳市栗家庄乡桑枣坡村

地理数据: GPS数据（海拔: 838.8m, 经度: E111°41'12", 纬度: N37°14'31"）

样本类型: 种子、果实、叶、枝条

生境信息

来源于当地，生于庭院平地，土壤质地为壤土，伴生物种为柿树林。

植物学信息

1. 植株情况

落叶乔木，高达20m，胸径达43cm，树干通直；树皮深灰色或灰褐色，成薄片状剥落，露出白色的内皮；树冠阔卵形或半球形，枝叶中等疏密至略疏，约在树高一半处分枝。

2. 植物学特征

叶柄长6～10mm，叶长6.5～17cm，宽3.5～10cm；叶正面深绿色，背面绿色；叶纸质，椭圆形，先端短渐尖，基部宽楔形，边缘稍背卷；中脉在正面稍凹下，在背面凸起，侧脉每边7～9条，在正面微凹，背面稍凸起，小脉很纤细，结成小网状，正面微凹，背面微凸起，侧脉间有近横行的脉相连。

花雌雄异株，雄花的聚伞花序生在当年生枝下部，腋生，每花序有花4～6朵，有时更多，且能发育成果；雌花单生叶腋；雄花花萼4裂，裂片卵状三角形，先端钝；花冠壶形，4裂，裂片旋转排列，半圆形；雌花花萼钟形，4裂，深裂至中裂，裂片宽卵形或近半圆形，先端骤短渐尖，两侧向背面反曲；花冠壶形或近钟形，4深裂，裂片旋转排列，宽卵形或近圆形，先端向后反曲；雄花长约8mm，雌花较雄花大，长约2.7cm。

3. 果实性状

果实卵形，略呈4棱，果顶尖；横径4.1cm，纵径4.5cm；果嫩时绿色，成熟时暗黄色，有易脱落的软毛；无核；果柄粗短，长8～10mm，直径约4mm。

4. 生物学习性

花期4～5月，果期8～10月，果实10月上旬成熟；果实可鲜食。

品种评价

对寒、旱、涝、瘠、盐、风、日灼等恶劣环境有较强抵抗能力，对修剪反应不敏感。

花

果实

果实剖面

介峪口方柿

Diospyros kaki Thunb. 'Jieyukoufangshi'

调查编号：CAOQFMYP074

所属树种：柿 *Diospyros kaki* Thunb.

提 供 人：王志军
电　　话：13593564000
住　　址：山西省永济市城西区介峪
　　　　　口村

调 查 人：曹秋芬
电　　话：13753480017
单　　位：山西省农业科学院生物技
　　　　　术研究中心

调查地点：山西省永济市城西区介峪
　　　　　口村

地理数据：GPS数据（海拔：376m，
　　　　　经度：E110°23'37.05"，纬度：N34°49'24.42"）

样本类型：种子、果实、叶、枝条

生境信息

来源于当地，生于田间平地，土壤质地为砂壤土，伴生物种为柿树林。

植物学信息

1. 植株情况

落叶乔木，高达14m，胸径达40cm，树干通直；树皮深灰色或灰褐色，成薄片状剥落，露出白色的内皮；树冠阔卵形或半球形，枝叶中等疏密至略疏，约在树高一半处分枝；生长势强。

2. 植物学特征

叶柄长7mm，叶长6.5cm，宽3cm；叶正面深绿色，背面绿色；叶纸质，椭圆形，先端短渐尖，基部宽楔形，边缘稍背卷；中脉在正面稍凹下，在背面凸起，侧脉每边7～9条，在正面微凹，背面稍凸起，小脉很纤细，结成小网状，正面微凹，背面微凸起，侧脉间有近横行的脉相连。

花雌雄异株，雄花的聚伞花序生在当年生枝下部，腋生，每花序有花4～6朵，有时更多，且能发育成果；雌花单生叶腋；雄花花萼4裂，裂片卵状三角形，先端钝；花冠壶形，4裂，裂片旋转排列，半圆形；雌花花萼钟形，4裂，深裂至中裂，裂片宽卵形或近半圆形，先端骤短渐尖，两侧向背面反曲；花冠壶形或近钟形，4深裂，裂片旋转排列，宽卵形或近圆形，先端向后反曲；雄花长约8mm，雌花较雄花大，长约2.7cm。

3. 果实性状

果实球形，有4棱4凹；横径4.5cm，纵径约5cm；嫩时绿色，成熟时暗黄色，有易脱落的软毛；有种子4颗不等；种子近长圆形，长约2.5cm，宽约1.6cm，棕色，侧扁；果柄粗短，长9mm，直径约4mm。

4. 生物学习性

寿命长；花期4～5月，果期9～10月，果实10月上旬成熟；果实宜鲜食，品质中上。

品种评价

高产；对寒、旱、涝、瘠、盐、风、日灼等恶劣环境有较强抵抗能力，对修剪反应不敏感。

枝叶

叶片

花

果实

满堂红

Diospyros kaki Thunb. 'Mantanghong'

调查编号: CAOQFMYP103

所属树种: 柿 *Diospyros kaki* Thunb.

提 供 人: 曹铭阳
电　　话: 13513651989
住　　址: 山西省临汾市翼城县里砦镇神沟村

调 查 人: 孟玉平
电　　话: 13643696321
单　　位: 山西省农业科学院生物技术研究中心

调查地点: 山西省临汾市翼城县里砦镇神沟村

地理数据: GPS数据（海拔：859m，经度：E111°38'44.8"，纬度：N35°49'15.8"）

样本类型: 枝条

生境信息

来源于当地，生于田间，土壤质地为壤土。

植物学信息

1. 植株情况

乔木，树高7m，冠幅东西6m、南北8m，干高2.2m，干周150cm；生长势强。

2. 植物学特征

叶柄长6mm，叶长12cm，宽6.5cm；叶正面深绿色，背面绿色；叶纸质，长圆形、长圆状倒卵形、倒卵形，少为椭圆形，先端短渐尖，基部圆形，或近圆形而两侧稍不等，或为宽楔形，边缘稍背卷；老叶的正面变无毛，中脉在正面稍凹下，在背面凸起，侧脉每边7条，在正面微凹，背面稍凸起，小脉很纤细，结成小网状，正面微凹，背面微凸起，侧脉间有近横行的脉相连。

3. 果实性状

果实圆形或卵圆形，果顶略尖；果实纵径7.3cm，横径8cm；平均单果重211g，最大单果重232g；果实底色为绿色；果面光滑，果粉少，有光泽，无锈斑；果梗短、粗；梗洼广、无锈斑；萼片着生处浅洼；果肉颜色呈黄色，汁液少，可溶性固形物含量为16%，果实有空洞。

4. 生物学习性

寿命长；花期4～5月，果期9～10月，果实10月上旬成熟。

品种评价

高产；对寒、旱、涝、瘠、盐、风、日灼等恶劣环境有较强抵抗能力；果肉有涩味。

植株

叶片

花

果实

神沟小柿

Diospyros kaki Thunb. 'Shengouxiaoshi'

调查编号： CAOQFMYP109

所属树种： 柿 *Diospyros kaki* Thunb.

提 供 人： 曹铭阳
电　话： 13513651989
住　址： 山西省临汾市翼城县里砦镇神沟村

调 查 人： 孟玉平
电　话： 13643696321
单　位： 山西省农业科学院生物技术研究中心

调查地点： 山西省临汾市翼城县里砦镇神沟村

地理数据： GPS数据（海拔：859m，经度：E111°38′44.8″，纬度：N35°49′15.8″）

样本类型： 枝条

生境信息

来源于当地，生于田间平地或坡地，该土地为耕地或人工林，土壤质地为壤土，在当地零星栽培，

植物学信息

1. 植株情况

乔木，树高10m，干高1.7m，干周150cm；生长势强。

2. 植物学特征

叶柄长10mm，叶长8cm，宽7cm；叶正面深绿色，背面绿色；叶纸质，倒卵形，先端短渐尖，基部近圆形，边缘稍背卷；老叶的正面变无毛，中脉在正面稍凹下，在背面凸起，侧脉每边7～9条，在正面微凹，背面稍凸起，小脉很纤细，结成小网状，正面微凹，背面微凸起，侧脉间有近横行的脉相连。

3. 果实性状

果实为扁圆形；果实纵径4.3cm，横径5.48cm，平均单果重82.6g，最大单果重99g；梗洼较深、无锈斑；萼片缩存，心形；果实底色为橙红色；果面光滑，果粉少，有光泽，无锈斑；果梗长度中等、粗度中等；果肉颜色呈黄色，果肉质地致密，汁液少，可溶性固形物含量为19%，果实有空洞，果肉内有黑色斑点

4. 生物学习性

寿命长；花期4～5月，果期9～10月，果实10月上旬成熟。

品种评价

高产；对寒、旱、涝、瘠、盐、风、日灼等恶劣环境有较强抵抗能力，对修剪反应不敏感；果肉有涩味。

生境

植株

叶片

花

幼果

神沟牛心柿

Diospyros kaki Thunb. 'Shengouniuxinshi'

调查编号： CAOQFMYP133

所属树种： 柿 *Diospyros kaki* Thunb.

提供人： 张余
电　话： 18636721849
住　址： 山西省临汾市翼城县里砦镇神沟村

调查人： 孟玉平
电　话： 13643696321
单　位： 山西省农业科学院生物技术研究中心

调查地点： 山西省临汾市翼城县里砦镇神沟村

地理数据： GPS数据（海拔：859m，经度：E111°38′44.8″，纬度：N35°49′15.8″）

样本类型： 种子、果实、枝条

生境信息

来源于当地，生于田间向南的坡地，该土地为耕地，土壤质地为壤土。

植物学信息

1. 植株情况

落叶乔木；高达14m，胸径达40cm，树干通直；枝叶中等疏密至略疏，约在树高一半处分枝；生长势强。

2. 植物学特征

叶柄长6～10mm，叶长6.5～17cm，宽3.5～10cm；叶正面深绿色，背面绿色；叶纸质，倒卵形，先端短渐尖，基部宽楔形，边缘稍背卷；中脉在正面稍凹下，在背面凸起，侧脉每边7～9条，在正面微凹，背面稍凸起，小脉很纤细，结成小网状，正面微凹，背面微凸起，侧脉间有近横行的脉相连。

3. 果实性状

果实圆形，略呈四棱，果顶尖；果实纵径4.7cm，横径4.3cm，平均单果重43.1g，最大单果重51g；果实底色为绿色；果面光滑，果粉少，有光泽，无锈斑；果梗短、粗度中等；梗洼平、无锈斑；果实浓香，可溶性固形物含量为18%。

4. 生物学习性

寿命长；花期4～5月，果期9～10月，果实10月上旬成熟；果实宜鲜食，品质中上。

品种评价

高产；对寒、旱、涝、瘠、盐、风、日灼等恶劣环境有较强抵抗能力；果实品质佳，风味好。

植株

花

叶片

果实

漫天红柿

Diospyros kaki Thunb. 'Mantianhongshi'

调查编号： CAOQFMYP161

所属树种： 柿 *Diospyros kaki* Thunb.

提 供 人： 张涛
电　　话： 13191259375
住　　址： 山西省长治市黎城县科技局

调 查 人： 曹秋芬
电　　话： 13753480017
单　　位： 山西省农业科学院生物技术研究中心

调查地点： 山西省长治市黎城县东阳关镇善业村

地理数据： GPS数据（海拔：862m，经度：E113°28'44.4"，纬度：N36°33'04.8"）

样本类型： 种子、果实、枝条

生境信息

来源于当地，生于田间平地、坡地，该土地为耕地、人工林，土壤质地为壤土，种植年限82年，分散栽植。

植物学信息

1. 植株情况

乔木，树势强，树姿直立，树形为半圆形；树高7m，冠幅东西8m、南北7m，干高2m，干周88cm；树皮块裂状，枝条密度中等；生长势强。

2. 植物学特征

1年生枝挺直，褐色，长度中等，节间平均长1.5cm；叶柄长6～10mm，长16cm，宽7.5cm；叶正面深绿色，背面绿色；叶片卵圆形，老叶的正面变无毛，中脉在正面稍凹，在背面凸起，侧脉每边7～9条，在正面微凹，背面稍凸起，小脉很纤细，结成小网状，正面微凹，背面微凸起，侧脉间有近横行的脉相连。花雌雄异株，雄花的聚伞花序生在当年生枝下部，腋生，每花序有花4～6朵，有时更多，且能发育成果，雌花单生叶腋；雄花花萼4裂，裂片卵状三角形，先端钝；花冠壶形，4裂，裂片旋转排列，半圆形；雌花花萼钟形，4裂，深裂至中裂，裂片宽卵形或近半圆形，先端骤短渐尖，两侧向背面反曲；花冠壶形或近钟形，4深裂，裂片旋转排列，宽卵形或近圆形，先端向后反曲；雄花长约8mm，雌花较雄花大，长约2.7cm。

3. 果实性状

果实为圆锥形，有果盖；果实纵径8cm，横径4.7cm；平均单果重45g，最大单果重51g；果实底色为绿色，果面光滑，果粉少，有光泽，无锈斑；果梗短、粗度中等；果实浓香，可溶性固形物含量为20%。

4. 生物学习性

寿命长；花期4～5月，果期9～10月，果实10月上旬成熟；果实宜鲜食，品质中上。

品种评价

高产；对寒、旱、涝、瘠、盐、风、日灼等恶劣环境有较强抵抗能力。

植株

叶片

枝叶

花

果实

成县水柿 1 号

Diospyros kaki Thunb. 'Chengxianshuishi 1'

调查编号： CAOQFMYP258

所属树种： 柿 *Diospyros kaki* Thunb.

提供人： 郭社旗
电　话： 15593909080
住　址： 甘肃省陇南市成县林业局

调查人： 曹秋芬
电　话： 13753480017
单　位： 山西省农业科学院生物技术研究中心

调查地点： 甘肃省陇南市成县陈院镇梁楼村

地理数据： GPS数据（海拔：918m，经度：E105°42'05"，纬度：N33°45'37"）

样本类型： 叶

生境信息

来源于当地，生于田间平地，该土地为耕地、人工林，土壤质地为壤土，种植年限9年，分散栽植。

植物学信息

1. 植株情况

乔木，树势强；树姿半开张，树形为半圆形；干高1.8m，干周55cm；枝条密度中等；生长势强。

2. 植物学特征

1年生枝下垂，褐色，多年生枝为灰褐色；叶柄长6～10mm，叶长17cm，宽9cm；叶正面深绿色，背面绿色；叶片卵形；先端短渐尖，基部圆形，或近圆形而两侧稍不等，或为宽楔形，边缘稍背卷；老叶的上面变无毛，中脉在上面稍凹下，在下面凸起，侧脉每边7～9条，在上面微凹，上面稍凸起，小脉很纤细，结成小网状，上面微凹，下面微凸起，侧脉间有近横行的脉相连花雌雄异株，雄花的聚伞花序生在当年生枝下部，腋生，每花序有花4～6朵，有时更多，且能发育成果，雌花单生叶腋；雄花花萼4裂，裂片卵状三角形，先端钝；花冠壶形，4裂，裂片旋转排列，半圆形；雌花花萼钟形，4裂，深裂至中裂，裂片宽卵形或近半圆形，先端骤短渐尖，两侧向背面反曲；花冠壶形或近钟形，4深裂，裂片旋转排列，宽卵形或近圆形，先端向后反曲；雄花长约8mm，雌花较雄花大，长约2.7cm。

3. 果实性状

果实为圆锥形；果实纵径4.9cm，横径4.6cm，平均单果重43.1g，最大单果重54g；底色为绿色；果面光滑，果粉少，有光泽，无锈斑；果梗短、粗度中等；梗洼平、无锈斑；果实浓香，可溶性固形物含量为19%。

4. 生物学习性

萌芽期3月上旬，花期4月，果期9～10月，果实10月上旬成熟；果实宜鲜食，品质中上。

品种评价

高产；对寒、旱、涝、瘠、盐、风、日灼等恶劣环境有较强抵抗能力，对修剪反应不敏感。

生境

植株

叶片

花

果实

成县尖尖柿 1号

Diospyros kaki Thunb.
'Chengxianjianjianshi 1'

- 调查编号： CAOQFMYP259
- 所属树种： 柿 *Diospyros kaki* Thunb.
- 提 供 人： 郭社旗
  电 话： 15593909080
  住 址： 甘肃省陇南市成县林业局
- 调 查 人： 曹秋芬
  电 话： 13753480017
  单 位： 山西省农业科学院生物技术研究中心
- 调查地点： 甘肃省陇南市成县陈院镇梁楼村
- 地理数据： GPS数据（海拔：918m，经度：E105°42'05"，纬度：N33°45'37"）
- 样本类型： 叶

生境信息

来源于当地，生于田间平地，该土地为耕地、人工林；土壤质地为壤土，分散栽植。

植物学信息

1. 植株情况

乔木，树势强；树姿直立，树形为半圆形；树高25m，冠幅东西20m、南北20m，干高2.7m，干周268cm；主干褐色，树皮块裂状；生长势强。

2. 植物学特征

叶柄长6~10mm，叶长18cm，宽10.5cm；叶正面深绿色，背面绿色，叶片卵形，先端短渐尖，基部圆形，或近圆形而两侧稍不等，或为宽楔形，边缘稍背卷；老叶的正面变无毛，中脉在背面稍凹下，在包面凸起，侧脉每边7~9条，在正面微凹，背面稍凸起，小脉很纤细，结成小网状，正面微凹，背面微凸起，侧脉间有近横行的脉相连。

花雌雄异株，雄花的聚伞花序生在当年生枝下部，腋生，每花序有花4~6朵，有时更多，且能发育成果，雌花单生叶腋；雄花花萼4裂，裂片卵状三角形，先端钝；花冠壶形，4裂，裂片旋转排列，半圆形；雌花花萼钟形，4裂，深裂至中裂，裂片宽卵形或近半圆形，先端骤短渐尖，两侧向背面反曲；花冠壶形或近钟形，4深裂，裂片旋转排列，宽卵形或近圆形，先端向后反曲；雄花长约8mm，雌花较雄花大，长约2.7cm。

3. 果实性状

果实为圆锥形，果顶尖；果实纵径5.0cm，横径4.6cm；底色为绿色；果面光滑，果粉少，有光泽，无锈斑；果梗短、粗度中等。

4. 生物学习性

平均每株产柿子约750kg；植株寿命长；花期4~5月，果期9~10月，果实10月上旬成熟；果实宜鲜食，品质中上。

品种评价

高产；对寒、旱、涝、瘠、盐、风、日灼等恶劣环境有较强抵抗能力，对修剪反应不敏感。

植株

花

嫩枝

枝叶

果实

康县尖尖柿 1号

Diospyros kaki Thunb. 'Kangxianjianjianshi 1'

调查编号： CAOQFMYP243

所属树种： 柿 *Diospyros kaki* Thunb.

提 供 人： 王司远
电　　话： 13659393671
住　　址： 甘肃省陇南市康县林业局

调 查 人： 曹秋芬
电　　话： 13753480017
单　　位： 山西省农业科学院生物技术研究中心

调查地点： 甘肃省陇南市康县大堡镇漆树沟村

地理数据： GPS数据（海拔：1149m，经度：E105°30'30"，纬度：N33°25'09"）

样本类型： 叶

生境信息

来源于当地，生于田间向东的坡地，该土地为耕地，土壤质地为砂壤土，种植年限100～200年，伴生物种为大豆。

植物学信息

1. 植株情况

乔木，树势强，树姿直立，树形为半圆形；树高11m，冠幅东西10m、南北12m，干高1.0m，干周300cm；主干褐色，树皮块裂状；生长势强。

2. 植物学特征

1年生枝下垂，褐色，长度中等，无嫩梢上茸毛；幼叶颜色黄绿，茸毛疏，成龄叶近圆形，全缘，叶片革质光滑；叶片大，长21.5cm，宽11.5cm；花雌雄异株或杂性，雄花聚伞花序，生于当年生枝下部，腋生，每花序有花4～5朵，有时更多，或中央1朵为雌花，且能发育成果；雄花花萼4裂，裂片卵状三角形；花冠壶形，花冠管4裂，裂片旋转排列，近半圆形；退化子房微小，密生长茸毛；雌花单生叶腋，花萼钟形，4裂，深裂至中裂，裂片宽卵形或近半圆形，先端骤短渐尖，两侧向背面反曲；花冠壶形或近钟形，外面在棱上疏生长茸毛，内面无毛，4深裂，裂片旋转排列，宽卵形或近圆形，先端向后反曲；雄花长约9mm，雌花较雄花大，长约2.0cm。

3. 果实性状

果实圆锥形，果顶尖；果中等大，直径5.6～7.3cm，平均单果重120g；果皮橘红色或橙黄色，有光泽；肉质松软，宿存萼卵圆形，先端钝圆；少核或无核。

4. 生物学习性

寿命长；萌芽期3月中旬，花期4～5月，果期9～10月，果实10月上旬成熟；果实宜鲜食与加工，品质中上。

品种评价

高产；对寒、旱、涝、瘠、盐、风、日灼等恶劣环境有较强抵抗能力，对修剪反应不敏感；可加工柿饼，也可制柿酒。

生境

植株

叶片

枝叶

果实

大堡四楞柿 1号

Diospyros kaki Thunb. 'Dabaosilengshi 1'

调查编号： CAOQFMYP245

所属树种： 柿 *Diospyros kaki* Thunb.

提 供 人： 王司远
电　　话： 13659393671
住　　址： 甘肃省陇南市康县林业局

调 查 人： 曹秋芬
电　　话： 13753480017
单　　位： 山西省农业科学院生物技术研究中心

调查地点： 甘肃省陇南市康县大堡镇漆树沟村

地理数据： GPS数据（海拔：1149m，经度：E105°30'30"，纬度：N33°25'09"）

样本类型： 叶

生境信息

来源于当地，生于田间坡地，该土地为人工林，土壤质地为砂土，种植年限100~120年，伴生物种为大豆。

植物学信息

1. 植株情况

乔木，树势强，树姿直立，树形为半圆形；树高11m，冠幅东西3m、南北3m，干高3m，干周95cm；主干褐色，树皮块裂状；生长势强。

2. 植物学特征

1年生枝下垂，颜色为褐色，长度中等；叶柄长6~10mm，叶长22cm，宽11.5cm；叶正面深绿色，背面绿色；叶纸质，椭圆形，先端短渐尖，基部圆形，或近圆形而两侧稍不等，边缘稍背卷；老叶的正面变无毛，中脉在正面稍凹下，在背面凸起，侧脉每边7~9条，在正面微凹，背面稍凸起，小脉很纤细，结成小网状，正面微凹，背面微凸起，侧脉间有近横行的脉相连。

花雌雄异株，雄花的聚伞花序生在当年生枝下部，腋生，每花序有花4~6朵，有时更多，且能发育成果；雄花花萼4裂，裂片卵状三角形，先端钝；花冠壶形，4裂，裂片旋转排列，半圆形；雌花花萼钟形，4裂，深裂至中裂，裂片宽卵形或近半圆形，先端骤短渐尖，两侧向背面反曲；花冠壶形或近钟形，雄花长约8mm，雌花较雄花大，长约2.7cm。

3. 果实性状

果实卵圆形，4棱4凹；果实长4.5~7cm，直径约5~8cm；果实嫩时绿色，成熟时暗黄色，有易脱落的软毛；果柄粗短，长8~10mm，直径约4mm；种子3~8颗不等；种子近长圆形，长约2.5cm，宽约1.6cm，棕色，侧扁。

4. 生物学习性

寿命长；花期4~5月，果期9~10月，果实10月上旬成熟；果实宜鲜食，品质中上。

品种评价

高产；对寒、旱、涝、瘠、盐、风、日灼等恶劣环境有较强抵抗能力，对修剪反应不敏感。

植株

花

叶片

果实

枝条

石门街镇镆柿

Diospyros kaki Thunb.
'Shimenjiemomoshi'

调查编号：CAOQFMYP224

所属树种：柿 *Diospyros kaki* Thunb.

提 供 人：辛国
电　　话：13993950684
住　　址：甘肃省陇南市林业科学研究院

调 查 人：曹秋芬
电　　话：13753480017
单　　位：山西省农业科学院生物技术研究中心

调查地点：甘肃省陇南市武都区石门镇石门街村

地理数据：GPS数据（海拔：1098m，经度：E104°44'04"，纬度：N33°25'05"）

样本类型：叶

生境信息

来源于当地，生于庭院，土壤质地为砂土，伴生物种为大豆。

植物学信息

1. 植株情况

乔木，树势强，树姿直立，树形为半圆形；树高9m，冠幅东西5m、南北5m，干高1.8m，干周25cm；生长势强。

2. 植物学特征

1年生枝下垂，颜色为褐色，长度中等；叶柄长6～10mm，叶长6.5～17cm，宽3.5～10cm；叶正面深绿色，背面绿色；叶纸质，长圆形，先端短渐尖，基部圆形，边缘稍背卷；中脉在正面稍凹下，在背面凸起，侧脉每边7～9条，在正面微凹，背面稍凸起，小脉很纤细，结成小网状，正面微凹，背面微凸起，侧脉间有近横行的脉相连。

花雌雄异株，雄花的聚伞花序生在当年生枝下部，腋生，每花序有花4～6朵，有时更多，且能发育成果；雄花花萼4裂，裂片卵状三角形，先端钝；花冠壶形，4裂，裂片旋转排列，半圆形；雌花花萼钟形，4裂，深裂至中裂，裂片宽卵形或近半圆形，先端骤短渐尖，两侧向背面反曲；花冠壶形或近钟形，先端向后反曲；雄花长约8mm，雌花较雄花大，长约2.7cm。

3. 果实性状

果实扁球形，略呈4棱；果实长4.5～7cm，直径约5～8cm；果实嫩时绿色，成熟时暗黄色，有易脱落的软毛；果柄粗短，长8～10mm，直径约4mm；有种子3～8颗不等；种子近长圆形，长约2.5cm，宽约1.6cm，棕色，侧扁。

4. 生物学习性

萌芽3月中旬，花期4～5月，果期8～10月，果实10月上旬成熟；果实可食用。

品种评价

高产；耐贫瘠；对寒、旱、涝、瘠、盐、风、日灼等恶劣环境有较强抵抗能力。

花

叶片

果实

植株

枝条

陈家坝小柿

Diospyros kaki Thunb. 'Chenjiabaxiaoshi'

调查编号: CAOQFMYP226

所属树种: 柿 *Diospyros kaki* Thunb.

提供人: 辛国
电　话: 13993950684
住　址: 甘肃省陇南市林业科学研究院

调查人: 曹秋芬
电　话: 13753480017
单　位: 山西省农业科学院生物技术研究中心

调查地点: 甘肃省陇南市武都区角弓镇陈家坝村

地理数据: GPS数据（海拔: 1117m，经度: E104°40'19.4"，纬度: N33°31'35.7"）

样本类型: 叶

生境信息

来源于当地，生于庭院，地形为河谷，土壤质地为砂土，种植年限60年，伴生物种为杨树，零散栽植。

植物学信息

1. 植株情况

乔木，树势强，树姿直立，树形为半圆形；树高9m，冠幅东西6m、南北10m，干高2.3m，干周140cm。

2. 植物学特征

叶柄长6～10mm，叶长6.5～17cm，宽3.5～10cm；叶正面深绿色，背面绿色；叶纸质，椭圆形，先端短渐尖，基部宽楔形，边缘稍背卷；中脉在正面稍凹下，在背面凸起，侧脉每边7～9条，在正面微凹，背面稍凸起，小脉很纤细，结成小网状，正面微凹，背面微凸起，侧脉间有近横行的脉相连。

花雌雄异株，雄花的聚伞花序生在当年生枝下部，腋生，每花序有花4～6朵，有时更多，且能发育成果；雄花花萼4裂，裂片卵状三角形，先端钝；花冠壶形，4裂，裂片旋转排列，半圆形；雌花花萼钟形，4裂，深裂至中裂，裂片宽卵形或近半圆形，先端骤短渐尖，两侧向背面反曲；花冠壶形或近钟形，4深裂，裂片旋转排列，宽卵形或近圆形，先端向后反曲；雄花长约8mm，雌花较雄花大，长约2.7cm。

3. 果实性状

果实扁球形，略呈4棱；果实长4.5～7cm，直径约5～8cm；果实嫩时绿色，成熟时暗黄色，有易脱落的软毛；果柄粗短，长8～10mm，直径约4mm；有种子3～8颗不等；种子近长圆形。

4. 生物学习性

花期4～5月，果期8～10月，果实10月上旬成熟；果实宜鲜食，品质中上。

品种评价

高产；对寒、旱、涝、瘠、盐、风、日灼等恶劣环境有较强抵抗能力，对修剪反应不敏感。

生境

植株

叶片

花

果实

角弓君迁子 1号

Diospyros lotus L. 'Jiaogongjunqianzi 1'

调查编号： CAOQFMYP228

所属树种： 君迁子 *Diospyros lotus* L.

提 供 人： 辛国
电　　话： 13993950684
住　　址： 甘肃省陇南市林业科学研究院

调 查 人： 曹秋芬
电　　话： 13753480017
单　　位： 山西省农业科学院生物技术研究中心

调查地点： 甘肃省陇南市武都区角弓镇甘谷墩村

地理数据： GPS数据（海拔：1080m，经度：E104°41'35.7"，纬度：N33°31'12.8"）

样本类型： 叶

生境信息

来源于当地，生于路旁，土壤质地为砂土，种植年限20年，现存1株。

植物学信息

1. 植株情况

乔木，树势强，树姿直立，树形为半圆形；树高9m，冠幅东西5m、南北5m，干高1.5m，干周61cm，生长势强。

2. 植物学特征

叶柄长6～10mm，叶长6~10cm，宽4~6cm；叶正面深绿色，背面绿色；叶纸质，长圆形；老叶的正面变无毛，中脉在正面稍凹下，在背面凸起，侧脉每边7～9条，在正面微凹，背面稍凸起，小脉很纤细，结成小网状，正面微凹，背面微凸起，侧脉间有近横行的脉相连。

3. 果实性状

果实圆形，果实长2cm，直径约3cm；果实初熟时淡黄色，后则变为蓝黑色，有白色蜡层；种子长圆形，长约1cm，褐色，偏扁；果柄粗短，长8～10mm，直径约4mm。

4. 生物学习性

花期5～6月，果期10～11月，果实10月上旬成熟。

品种评价

对寒、旱、涝、瘠、盐、风、日灼等恶劣环境有较强抵抗能力，对修剪反应不敏感。

植株

枝叶

果实

清泉柿

Diospyros kaki Thunb. 'Qingquanshi'

调查编号： CAOQFMYP279

所属树种： 柿 *Diospyros kaki* Thunb.

提 供 人： 杨世勇
电　　话： 13830829776
住　　址： 甘肃省天水市果树研究所

调 查 人： 曹秋芬
电　　话： 13753480017
单　　位： 山西省农业科学院生物技
　　　　　术研究中心

调查地点： 甘肃省天水市清水县红堡
　　　　　镇清泉村

地理数据： GPS数据（海拔：1226m，
　　　　　经度：E105°58'59.5"，纬度：N34°41'24.8"）

样本类型： 叶

生境信息

来源于当地，地形为平地，该地为人工林，土壤质地为砂土，种植年限80年，零星分布。

植物学信息

1. 植株情况

乔木，树势强，树姿直立，树形为半圆形；树高15m，冠幅东西10m、南北10m，干高1.5m，干周155cm；树皮块裂状，枝条密；生长势强。

2. 植物学特征

1年生枝直挺，褐色，长度中等；节间平均长1cm，粗度中等；叶柄长6～10mm，叶长6.5～17cm，宽3.5～10cm；叶正面深绿色，背面绿色；叶纸质，椭圆形，先端短渐尖，基部圆形，边缘稍背卷；老叶的正面变无毛，中脉在正面稍凹下，在背面凸起，侧脉每边7～9条，在正面微凹，背面稍凸起，小脉很纤细，结成小网状，正面微凹，背面微凸起，侧脉间有近横行的脉相连。

3. 果实性状

果实卵圆形；果顶平或凹，有4棱4凹；果中等大，平均单果重100g；果皮橘红色或橙黄色，有光泽；肉质松软，宿存萼卵圆形，先端钝圆；心室竹叶形，有4核。

4. 生物学习性

寿命长；花期4～5月，果期9～10月，果实10月上旬成熟；果实宜鲜食，品质中上。

品种评价

高产；对寒、旱、涝、瘠、盐、风、日灼等恶劣环境有较强抵抗能力，对修剪反应不敏感。

生境

植株

叶片

枝叶

果实

贾昌馍馍柿

Diospyros kaki Thunb. 'Jiachangmomoshi'

- 调查编号：CAOQFMYP231
- 所属树种：柿 *Diospyros kaki* Thunb.
- 提 供 人：李世义
  电　　话：13993965300
  住　　址：甘肃省陇南市文县林业局设计队
- 调 查 人：曹秋芬
  电　　话：13753480017
  单　　位：山西省农业科学院生物技术研究中心
- 调查地点：甘肃省陇南市文县城关镇贾昌村
- 地理数据：GPS数据（海拔：921m，经度：E104°4246.2"，纬度：N32°5558.5"）
- 样本类型：叶

生境信息

来源于当地，生于田间，地形为河谷，该地为耕地，土壤质地为砂土，种植年限150年以上，零星分布。

植物学信息

1. 植株情况

乔木，树势强，树形为半圆形；树高8m，冠幅东西5.5m、南北5.5m，干高2.4m，干周154cm；主干褐色，树皮块裂状；生长势强。

2. 植物学特征

叶柄长6～10mm，叶长6.5～17cm，宽3.5～10cm；叶正面深绿色，背面绿色；叶纸质，长圆形先端短渐尖，基部圆形，或近圆形而两侧稍不等，或为宽楔形，边缘稍背卷；老叶的正面变无毛，中脉在正面稍凹下，在背面凸起，侧脉每边7～9条，在正面微凹，背面稍凸起，小脉很纤细，结成小网状，正面微凹，背面微凸起，侧脉间有近横行的脉相连；花雌雄异株或杂性，雄花聚伞花序，生于当年生枝下部，腋生，单生，每花序有花4～5朵，有时更多，或中央1朵为雌花，且能发育成果；雄花花萼4裂，裂片卵状三角形；花冠壶形，花冠管4裂，裂片旋转排列，近半圆形；雌花单生叶腋，花萼钟形，4裂，深裂至中裂，裂片宽卵形或近半圆形，先端骤短渐尖，两侧向背面反曲；花冠壶形或近钟形，4深裂，裂片旋转排列，宽卵形或近圆形，先端向后反曲。

3. 果实性状

果实扁球形，略呈4棱；长4.5cm，直径约5cm；嫩时绿色，成熟时暗黄色，有易脱落的软毛，有种子7颗不等；种子近长圆形，长约2.5cm，宽约1.6cm，棕色，侧扁；宿存花萼在花后增大，厚革质，直径约4cm，褐色，4深裂，外面密生灰黄色或灰褐色长茸毛，内面密生伏卧的浅棕色绢毛，裂片近圆形或宽卵形，长1.2cm，宽约1.5cm，两侧向背后反曲；果柄粗短，长8～10mm，直径约4mm。

4. 生物学习性

寿命长；花期4～5月，果期9～10月，果实10月上旬成熟；果实宜鲜食，品质中上。

品种评价

高产；对寒、旱、涝、瘠、盐、风、日灼等恶劣环境有较强抵抗能力。

生境

植株

叶片

枝叶

果实

何村木柿

Diospyros kaki Thunb. 'Hecunmushi'

调查编号： CAOQFXSY023

所属树种： 柿 *Diospyros kaki* Thunb.

提 供 人： 张小弟
电　　话： 029－32772296
住　　址： 陕西省咸阳市淳化县园艺站

调 查 人： 徐世彦
电　　话： 029－32772296
单　　位： 陕西省果树良种苗木繁育
　　　　　中心

调查地点： 陕西省咸阳市淳化县车坞
　　　　　镇何村

地理数据： GPS数据（海拔：980m，
经度：E108°31'5.20"，纬度：N34°49'14.47"）

样本类型： 种子、果实、叶、花、枝条

生境信息

来源于当地，地形为黄土高原坡地，土壤质地为砂土，种植年限28年，种植面积233.33hm²。

植物学信息

1. 植株情况

乔木，树龄28年，树势中等；树形为开心形；生长势中等。

2. 植物学特征

成龄叶卵圆形，长15.3～13.9cm，宽7.86～9.17cm，成龄叶裂片数为全缘；幼叶黄绿色，叶下表面叶脉间无匍匐茸毛，叶脉间无直立茸毛；花瓣红色，单花，1轮花瓣，花冠直径1.5cm。花雌雄异株或杂性，雄花聚伞花序，生于当年生枝下部，腋生，单生，每花序有花4～5朵，有时更多，或中央1朵为雌花，且能发育成果；雄花花萼4裂，裂片卵状三角形；花冠壶形，花冠管4裂，裂片旋转排列，近半圆形；雌花单生叶腋，花萼钟形，4裂，深裂至中裂，裂片宽卵形或近半圆形，先端骤短渐尖，两侧向背面反曲；花冠壶形或近钟形，4深裂，裂片旋转排列，宽卵形或近圆形，先端向后反曲。

3. 果实性状

果实方形，呈4棱4凹；平均单果重120～180g；果皮黄色，果面粗糙，有光泽，有棱，无锈斑，无果点，蜡质多；果肉颜色浅，香味淡，可溶性固形物含量为15%。

4. 生物学习性

单株最高50kg，每667m²产量1900kg；萌芽始期3月18日，始花期4月上旬，花期4～5月，果期9～10月，果实10月上旬成熟。

品种评价

高产；对寒、旱、涝、瘠、盐、风、日灼等恶劣环境有较强抵抗能力，对修剪反应不敏感。

植株

叶片

幼果

果

黄松峪八月黄

Diospyros kaki Thunb.
'Huangsongyubayuehuang'

调查编号： LITZLJS042

所属树种： 柿 *Diospyros kaki* Thunb.

提 供 人： 于广水
电　　话： 13716005006
住　　址： 北京市平谷区大华山林业站

调 查 人： 刘佳琴
电　　话： 010-51503910
单　　位： 北京市农林科学院农业综
合发展研究所

调查地点： 北京市平谷区黄松峪乡黄
松峪村

地理数据： GPS数据（海拔：234m，
经度：E117°15'18.61"，纬度：N40°14'1.08"）

样本类型： 种子、果实、枝条

生境信息

来源于当地，生于田间平地，该土地为耕地，土壤质地为壤土，种植年限100年，现存株数300株，种植面积4hm²。

植物学信息

1. 植株情况

乔木，树龄100年，繁殖方法为嫁接，树势强。

2. 植物学特征

成熟枝条棕黄色；叶柄长2.0cm；成龄叶长14.6cm，宽8.8cm；成龄叶呈椭圆形，叶片深绿色，叶片革质光滑；花乳黄色，花瓣相离。花雌雄异株或杂性，雄花聚伞花序，生于当年生枝下部，腋生，单生，每花序有花4～5朵，有时更多，或中央1朵为雌花，且能发育成果；雄花花萼4裂，裂片卵状三角形；花冠壶形，花冠管4裂，裂片旋转排列，近半圆形；退化子房微小，密生长茸毛；雌花单生叶腋，花萼钟形，4裂，深裂至中裂，裂片宽卵形或近半圆形，先端骤短渐尖，两侧向背面反曲；花冠壶形或近钟形，外面在棱上疏生长茸毛，内面无毛，4深裂，裂片旋转排列，宽卵形或近圆形，先端向后反曲。

3. 果实性状

果实扁圆形；果实纵径5.2cm，横径8.1cm，平均单果重200g，最大单果重300g；果皮橙黄色，果粉中，果皮薄；果肉颜色极深，质地软，汁液多，可溶性固形物含量13.8%。

4. 生物学习性

萌芽始期为4月上旬，始花期为5月下旬，果实成熟期为9月下旬。高产，单株平均40～50kg。

品种评价

果实可食用；主要病虫害种类为介壳虫；对寒、旱、涝、瘠、盐、风、日灼等恶劣环境有较强抵抗能力。

植株

枝条

叶片

花

果实

杵头扁

Diospyros kaki Thunb. 'Chutoubian'

调查编号： LITZLJS043

所属树种： 柿 *Diospyros kaki* Thunb.

提 供 人： 于广水
电　　话： 13716005006
住　　址： 北京市平谷区大华山林业站

调 查 人： 刘佳琴
电　　话： 010 – 51503910
单　　位： 北京市农林科学院农业综
　　　　　合发展研究所

调查地点： 北京市平谷区黄松峪乡黄
　　　　　松峪村

地理数据： GPS数据（海拔：203m，
　　　　　经度：E117°15'24"，纬度：N40°16'32"）

样本类型： 种子、果实、枝条

生境信息

　　来源于当地，生于田间平地，该土地为耕地，土壤质地为壤土。种植年限为150年，种植面积为0.33hm²。

植物学信息

1. 植株情况

树龄100年，繁殖方法为嫁接，树势强。

2. 植物学特征

成熟枝条棕黄色；叶柄长1.9cm，微红色，成龄叶长13.6cm，宽8.4cm；成龄叶椭圆形，叶片深绿色，叶片革质光滑；花乳黄色，花瓣相离。花雌雄异株或杂性，雄花聚伞花序，生于当年生枝下部，腋生，单生，每花序有花4~5朵，有时更多，或中央1朵为雌花，且能发育成果；雄花花萼4裂，裂片卵状三角形；花冠壶形，花冠管4裂，裂片旋转排列，近半圆形；退化子房微小，密生长茸毛；雌花单生叶腋，花萼钟形，4裂，深裂至中裂，裂片宽卵形或近半圆形，先端骤短渐尖，两侧向背面反曲；花冠壶形或近钟形，外面在棱上疏生长茸毛，内面无毛，4深裂，裂片旋转排列，宽卵形或近圆形，先端向后反曲。

3. 果实性状

果实卵圆形；果实纵径4.1cm，横径6.5cm；平均单果重79g，最大单果重150g；果皮橙红色，果皮厚度中；果肉颜色极深，质地软，汁液多；可溶性固形物含量为13.6%。

4. 生物学习性

高产，单株平均40~50kg；萌芽始期为4月上旬，始花期为5月中、下旬，果实成熟期为9月下旬。

品种评价

　　果实可食用；主要病虫害种类为介壳虫；对寒、旱、涝、瘠、盐、风、日灼等恶劣环境有较强抵抗能力。

植株

花

芽

叶片

果实

周口店灯笼柿

Diospyros kaki Thunb.
'Zhoukoudiandenglongshi'

调查编号： LITZLJS044

所属树种： 柿 *Diospyros kaki* Thunb.

提 供 人： 于广水
电　　话： 13716005006
住　　址： 北京市平谷区大华山林业站

调 查 人： 刘佳棽
电　　话： 010 – 51503910
单　　位： 北京市农林科学院农业综合发展研究所

调查地点： 北京市房山区周口店镇周口店村

地理数据： GPS数据（海拔：87m，经度：E115°55′53.28″，纬度：N39°40′16.84″）

样本类型： 种子、果实、枝条

生境信息

来源于当地，生于田间平地，该土地为耕地，土壤质地为壤土；种植年限为150年，种植面积为0.33hm²。

植物学信息

1. 植株情况

乔木，树龄100年；繁殖方法为嫁接；生长势中。

2. 植物学特征

成熟枝条棕黄色；叶柄长1.7cm，微红色；成龄叶长13cm，宽8.5cm；叶片深绿色，叶片革质光滑；成龄叶呈椭圆形；花乳黄色，花瓣相离。花雌雄异株或杂性，雄花聚伞花序，生于当年生枝下部，腋生，单生，每花序有花4~5朵，有时更多，或中央1朵为雌花，且能发育成果；雄花花萼4裂，裂片卵状三角形；花冠壶形，花冠管4裂，裂片旋转排列，近半圆形；退化子房微小，密生长茸毛；雌花单生叶腋，花萼钟形，4裂，深裂至中裂，裂片宽卵形或近半圆形，先端骤短渐尖，两侧向背面反曲；花冠壶形或近钟形，外面在棱上疏生长茸毛，内面无毛，4深裂，裂片旋转排列，宽卵形或近圆形，先端向后反曲。

3. 果实性状

果实圆形，果顶凹，略呈4棱；果实纵径5.36cm，横径6.72cm；平均单果重135g，最大单果重156g；果皮橙红色，果皮厚度中；果肉颜色极深，质地软，汁液多；可溶性固形物含量为11.3%。

4. 生物学习性

高产，单株平均40~50kg；萌芽始期为4月上旬，始花期为5月中、下旬，果实成熟期为10月中、下旬。

品种评价

果实可食用；主要病虫害种类为介壳虫；对寒、旱、涝、瘠、盐、风、日灼等恶劣环境有较强抵抗能力。

植株

果实

花

叶片

火柿

Diospyros kaki Thunb. 'Huoshi'

调查编号：LITZLJS045

所属树种：柿 *Diospyros kaki* Thunb.

提 供 人：于广水
电　　话：13716005006
住　　址：北京市平谷区大华山林业站

调 查 人：刘佳棽
电　　话：010 – 51503910
单　　位：北京市农林科学院农业综
　　　　　合发展研究所

调查地点：北京市平谷区大华山镇挂
　　　　　甲峪村

地理数据：GPS数据（海拔：194m，
　　　　　经度：E117°06'18.47"，纬度：N40°15'17.72"）

样本类型：种子、果实、枝条

生境信息

来源于当地，生于田间平地，该土地为耕地，土壤质地为壤土；种植年限为100年，种植面积为2hm²。

植物学信息

1. 植株情况

乔木，树龄100年，繁殖方法为嫁接；生长势中。

2. 植物学特征

成熟枝条棕黄色；叶柄长1.9cm，叶柄微红色；成龄叶椭圆形，叶片革质光滑；长13.9cm，宽8.1cm；叶片深绿色；花雌雄异株或杂性，雄花聚伞花序，生于当年生枝下部，腋生，单生，每花序有花4~5朵，有时更多，或中央1朵为雌花，且能发育成果；雄花花萼4裂，裂片卵状三角形；花冠壶形，花冠管4裂，裂片旋转排列，近半圆形；退化子房微小，密生长茸毛；雌花单生叶腋，花萼钟形，4裂，深裂至中裂，裂片宽卵形或近半圆形，先端骤短渐尖，两侧向背面反曲；花冠壶形或近钟形，外面在棱上疏生长茸毛，内面无毛，4深裂，裂片旋转排列，宽卵形或近圆形，先端向后反曲；花色为乳黄。

3. 果实性状

果实卵圆形或扁圆形；果实纵径5.2cm，横径8.1cm；平均单果重71.7g，最大单果重100g；果皮橙黄色，果皮厚度中；果肉颜色极深，质地软，汁液多，可溶性固形物含量为10.5%。

4. 生物学习性

高产，单株平均40~50kg；萌芽始期为4月上旬，始花期为5月下旬，果实成熟期为10月上旬。

品种评价

果实可食用；主要病虫害种类为介壳虫；对寒、旱、涝、瘠、盐、风、日灼等恶劣环境有较强抵抗能力。

植株

叶片

花

坨里金灯柿

Diospyros kaki Thunb. 'Tuolijindengshi'

调查编号：LITZLJS046

所属树种：柿 *Diospyros kaki* Thunb.

提 供 人：于广水
电　　话：13716005006
住　　址：北京市平谷区大华山林业站

调 查 人：刘佳琴
电　　话：010－51503910
单　　位：北京市农林科学院农业综合发展研究所

调查地点：北京市房山区青龙湖镇北车营村

地理数据：GPS数据（海拔：184m，经度：E116°0'47"，纬度：N39°49'4"）

样本类型：种子、果实、枝条

生境信息

来源于当地，生于田间平地，该土地为耕地，土壤质地为壤土；种植年限为100年，种植面积为2hm²。

植物学信息

1. 植株情况

乔木，树龄100年，繁殖方法为嫁接；生长势中。

2. 植物学特征

成熟枝条棕黄色；叶柄长1.7cm，叶柄微红色；成龄叶呈椭圆形；成龄叶长13cm，宽8.5cm，叶片深绿色，叶片革质光滑；花乳黄色；花雌雄异株或杂性，雄花的聚伞花序生当年生枝下部，腋生，单生，每花序有花4~5朵，有时更多，或中央1朵为雌花，且能发育成果；雄花花萼4裂，裂片卵状三角形；花冠壶形，花冠管4裂，裂片旋转排列，近半圆形；雌花单生叶腋，花萼钟形，4裂，深裂至中裂，裂片宽卵形或近半圆形，先端骤短渐尖，两侧向背面反曲；花冠壶形或近钟形，4深裂，裂片旋转排列，宽卵形至近圆形，先端向后反曲。

3. 果实性状

果实圆形或扁圆形；果实纵径5.36cm，横径6.27cm；平均单果重135g，最大单果重156g；果皮橙黄色，果皮厚度中；果肉颜色极深，质地软，汁液多，可溶性固形物含量为11.3%。

4. 生物学习性

高产，单株平均40~50kg；萌芽始期为4月上旬，始花期为5月中下旬，果实成熟期为10月中上旬。

品种评价

果实可食用；主要病虫害种类为介壳虫；对寒、旱、涝、瘠、盐、风、日灼等恶劣环境有较强抵抗能力。

植株

花

果实

叶片

涧头磨盘柿

Diospyros kaki Thunb. 'Jiantoumopanshi'

调查编号：LITZLJS047

所属树种：柿 *Diospyros kaki* Thunb.

提 供 人：李雪红
电　　话：13521495495
住　　址：北京市昌平区科学技术委员会

调 查 人：刘佳芩
电　　话：010 – 51503910
单　　位：北京市农林科学院农业综合发展研究所

调查地点：北京市昌平区十三陵镇涧头村

地理数据：GPS数据（海拔：91m，经度：E116°12'18.81"，纬度：N40°14'33.64"）

样本类型：种子、果实、枝条

生境信息

来源于当地，生于田间平地，该土地为耕地，土壤质地为壤土；种植年限为50年，种植面积为6.67hm²。

植物学信息

1. 植株情况

乔木，树龄50年，繁殖方法为嫁接；树势强。

2. 植物学特征

成熟枝条棕黄色；叶柄长1.8cm，叶柄微红色；成龄叶呈椭圆形，叶长13.6cm，宽8.1cm；叶片深绿色，叶片革质光滑；花雌雄异株或杂性，雄花聚伞花序，生于当年生枝下部，腋生，单生，每花序有花4～5朵，有时更多，或中央1朵为雌花，且能发育成果；雄花花萼4裂，裂片卵状三角形；花冠壶形，花冠管4裂，裂片旋转排列，近半圆形；退化子房微小，密生长茸毛；雌花单生叶腋，花萼钟形，4裂，深裂至中裂，裂片宽卵形或近半圆形，先端骤短渐尖，两侧向背面反曲；花冠壶形或近钟形，外面在棱上疏生长茸毛，内面无毛，4深裂，裂片旋转排列，宽卵形或近圆形，先端向后反曲；花乳黄色。

3. 果实性状

果实扁球形，略呈4棱，有果盖；果实纵径5.5cm，横径8.1cm；平均单果重234g，最大单果果重450g；果皮橙黄色，果皮厚度中；果肉颜色极深，质地软，汁液多，可溶性固形物含量为16.3%；果柄粗短，长8～10mm，直径约4mm。

4. 生物学习性

高产，单株平均40～50kg；萌芽始期为4月上旬，始花期为5月下旬，果实成熟期为10月上旬。

品种评价

对寒、旱、涝、瘠、盐、风、日灼等恶劣环境有较强抵抗能力；主要病虫害种类为介壳虫。

植株

花

叶片

果实

长峪城四瓣柿

Diospyros kaki Thunb.
'Changyuchengsibanshi'

调查编号：　LITZLJS048

所属树种：　柿 *Diospyros kaki* Thunb.

提 供 人：　李雪红
电　　话：　13521495495
住　　址：　北京市昌平区科学技术委
　　　　　　员会

调 查 人：　刘佳琴
电　　话：　010－51503910
单　　位：　北京市农林科学院农业综
　　　　　　合发展研究所

调查地点：　北京市昌平区流村镇长峪
　　　　　　城村

地理数据：　GPS数据（海拔：139m，
　　　　　　经度：E115°53′53.53″，纬度：N40°12′20.17″）

样本类型：　种子、果实、枝条

生境信息

来源于当地，生于田间平地，该土地为耕地，土壤质地为壤土；种植年限为100年，种植面积为0.2hm²。

植物学信息

1. 植株情况

乔木，繁殖方法为嫁接；生长势强。

2. 植物学特征

成熟枝条棕黄色；叶柄长2.0cm，叶柄浅绿色；成龄叶长13cm，宽8.5cm，叶片深绿色，叶片革质光滑；成龄叶呈椭圆形；花雌雄异株或杂性，雄花聚伞花序，生于当年生枝下部，腋生，单生，每花序有花4~5朵，有时更多，或中央1朵为雌花，且能发育成果；雄花花萼4裂，裂片卵状三角形；花冠壶形，花冠管4裂，裂片旋转排列，近半圆形；退化子房微小，密生长茸毛；雌花单生叶腋，花萼钟形，4裂，深裂至中裂，裂片宽卵形或近半圆形，先端骤短渐尖，两侧向背面反曲；花冠壶形或近钟形，外面在棱上疏生长茸毛，内面无毛，4深裂，裂片旋转排列，宽卵形或近圆形，先端向后反曲；花乳黄色。

3. 果实性状

果实扁圆形或圆形，略呈4棱4凹；果实纵径5.18cm，横径7.16cm；平均单果168.5g，最大单果重216.5g；果皮橙红色，果皮厚度中；果肉颜色极深，质地软，汁液多，可溶性固形物含量为14.03%。

4. 生物学习性

高产，单株平均50~60kg；萌芽始期为4月上旬，始花期为5月中下旬，果实成熟期为10月中下旬。

品种评价

果实可食用；主要病虫害种类为介壳虫；对寒、旱、涝、瘠、盐、风、日灼等恶劣环境有较强抵抗能力。

植株

花

叶片

果实

响潭牛心柿

Diospyros kaki Thunb. 'Xiangtanniuxinshi'

调查编号： CAOSYLBY007

所属树种： 柿 *Diospyros kaki* Thunb.

提 供 人： 李本银
电　　话： 13703455340
住　　址： 河南省南阳市桐柏县农业
经济作物管理站

调 查 人： 李好先
电　　话： 13903834781
单　　位： 中国农业科学院郑州果树
研究所

调查地点： 河南省南阳市桐柏县朱庄
镇响潭村刘庄组

地理数据： GPS数据（海拔：185m，
经度：E113°30'59.3"，纬度：N32°31'28.0"）

样本类型： 叶、枝条

生境信息

来源于当地，生于庭院坡度为60°的坡地，该地为耕地，土质为砂壤土，伴生物种为杨树、竹子，种植年限80年，现存2株。

植物学信息

1. 植株情况

乔木，树龄80年，繁殖方法为嫁接，砧木是君迁子，树势弱，无定形，多干，干周40cm；生长势强。

2. 植物学特征

无嫩梢茸毛，成熟枝条黄褐色；叶柄洼基部V形、开张；成龄叶长15cm，宽5cm；幼叶绿色带有黄斑；叶片近圆形，裂片数为全缘，上缺刻深、开张；叶下表面叶脉间匍匐茸毛密，叶脉间直立茸毛极疏。

3. 果实性状

果实球形，略呈4棱；果实长6cm，直径约8cm；果实嫩时绿色，成熟时暗黄色，有易脱落的软毛；果柄粗短，长8~10mm，直径约4mm；有种子7颗不等；种子近长圆形，长约2.5cm，宽约1.6cm，棕色，侧扁。

4. 生物学习性

开始结果年龄为3年，每结果枝上平均5个果，成熟期落果量一般；萌芽时期3月中旬，始花期5月中旬，果实始熟期10月上旬，果实成熟期10月中旬。

品种评价

耐贫瘠；高产。

植株　　生境　　枝条　　叶背　　主干

红古兰头

Diospyros kaki Thunb. 'Honggulantou'

调查编号： CAOSYLBY011

所属树种： 柿 *Diospyros kaki* Thunb.

提 供 人： 李本银
电　　话： 13703455340
住　　址： 河南省南阳市桐柏县农业
　　　　　经济作物管理站

调 查 人： 李好先
电　　话： 13903834781
单　　位： 中国农业科学院郑州果树
　　　　　研究所

调查地点： 河南省南阳市桐柏县朱庄
　　　　　镇后河村后河组

地理数据： GPS数据（海拔：192m，
　　　　　经度：E113°31'01.0"，纬度：N32°31'31.7"）

样本类型： 种子、果实、叶、枝条

生境信息

来源于当地，生于庭院平地，该地为耕地，土质为砂壤土，伴生物种为杨树，种植年限10年，现存1株。

植物学信息

1. 植株情况

乔木，树龄15年，单干，干周35cm；繁殖方法为嫁接，砧木是君迁子；树势强，无定形，不埋土露地越冬；生长势强。

2. 植物学特征

无嫩梢茸毛，成熟枝条黄褐色；叶柄洼基部V形、开张；成龄叶长13cm，宽6cm；幼叶黄绿色；叶片近圆形，裂片数为全缘；叶下表面叶脉间匍匐茸毛极疏，叶脉间直立茸毛极疏。

3. 果实性状

果卵形、卵状长圆形，略呈4棱；果实长6cm，直径约5cm；果实嫩时绿色，成熟时暗黄色，果面光滑；果柄粗短，长8~10mm，直径约4mm；有种子3~8颗不等；种子近长圆形，长约1.2~1.5cm，宽约1.5cm。

4. 生物学习性

开始结果年龄为3年，每结果枝上平均5个果；单株平均产50kg，单株最高60kg；萌芽时期3月中旬，始花期5月中旬，果实始熟期10月上旬，果实成熟期10月中旬。

品种评价

坐果率高，耐贫瘠。

生境

植株

叶片

结果状

果实

野水葫芦柿

Diospyros kaki Thunb. 'Yeshuihulushi'

调查编号： CAOSYLHX008

所属树种： 柿 *Diospyros kaki* Thunb.

提 供 人： 刘建卫
电　　话： 13592028278
住　　址： 河南省洛阳市嵩县何村乡
　　　　　阴坡村后洼宋家洼

调 查 人： 李好先
电　　话： 13903834781
单　　位： 中国农业科学院郑州果树
　　　　　研究所

调查地点： 河南省洛阳市嵩县何村乡
　　　　　阴坡村后洼宋家洼

地理数据： GPS数据（海拔：487m，
　　　　　经度：E112°00'14"，纬度：N34°09'21"）

样本类型： 枝条

生境信息

来源于当地，生于旷野坡度60°的坡地，该地为耕地，土质为砂壤土，伴生物种为核桃、桃；种植年限120年，现存11株，种植面积1hm²，种植农户为5户。

植物学信息

1. 植株情况

乔木，树龄120年，繁殖方法为实生，不埋土露地越冬；树势中；单干，干高2.8m，干周120cm。

2. 植物学特征

无嫩梢茸毛，成熟枝条暗褐色；叶柄洼基部V形、开张；成龄叶长15cm，宽5cm；幼叶绿色带有黄斑；叶片近圆形，裂片数为全缘；叶下表面叶脉间匍匐茸毛密，叶脉间直立茸毛极疏。

3. 果实性状

果实扁球形，略呈4棱，果顶略凹；果实长4.5cm，直径约5cm；果实嫩时绿色，成熟时暗黄色，有易脱落的软毛；果柄粗短，长8～10mm，直径约4mm；有种子3～8颗不等；种子近长圆形，长约2.5cm，宽约1.6cm。

4. 生物学习性

高产，每结果枝上平均3～4个果，单株平均产50kg，单株最高100kg；萌芽时期3月中旬，始花期4月上旬，果实始熟期4月下旬，果实成熟期7月下旬。

品种评价

果实品质优，抗旱，耐盐碱，耐贫瘠。

生境

花

叶片

果实

宋家洼鸡鸣柿

Diospyros kaki Thunb. 'Songjiawajimingshi'

调查编号: CAOSYLHX009

所属树种: 柿 *Diospyros kaki* Thunb.

提 供 人: 刘建卫
电　　话: 13592028278
住　　址: 河南省洛阳市嵩县何村乡
阴坡村后洼宋家洼

调 查 人: 李好先
电　　话: 13903834781
单　　位: 中国农业科学院郑州果树
研究所

调查地点: 河南省洛阳市嵩县何村乡
阴坡村后洼宋家洼

地理数据: GPS数据（海拔: 487m,
经度: E112°0'14", 纬度: N34°09'21"）

样本类型: 枝条

生境信息

来源于当地，生于旷野坡度60°的坡地，该地为耕地，土质为砂壤土，伴生物种为核桃、桃；种植年限150年，现存100株，种植面积13.33hm²，种植农户为50户。

植物学信息

1. 植株情况

乔木，树龄120年，繁殖方法为实生，树势弱；多干，最大干周220cm。

2. 植物学特征

嫩梢茸毛密度中等，梢尖茸毛着色黄绿；嫩梢黄绿色，成熟枝条黄褐色；节间长度约28cm；叶柄长11cm；成龄叶长14cm，宽7cm，叶片长椭圆形，叶色深绿有光泽；成龄叶全缘，叶缘光滑微曲；叶面微波，叶尖渐尖，叶基部楔形；叶下表面叶脉间匍匐茸毛密，叶脉间直立茸毛密。

花雌雄异株或杂性，雄花聚伞花序，生于当年生枝下部，腋生，单生，每花序有花4～5朵，有时更多，或中央1朵为雌花，且能发育成果；雄花花萼4裂，裂片卵状三角形；花冠壶形，花冠管4裂，裂片旋转排列，近半圆形；退化子房微小，密生长茸毛；雌花单生叶腋，花萼钟形，4裂，深裂至中裂，裂片宽卵形或近半圆形，先端骤短渐尖，两侧向背面反曲；花冠壶形或近钟形，外面在棱上疏生长茸毛，内面无毛，4深裂，裂片旋转排列，宽卵形或近圆形，先端向后反曲。

3. 果实性状

果卵形、球形或扁球形，略呈4棱；果实长7cm，直径约8cm；果实嫩时绿色，成熟时暗黄色，有易脱落的软毛；果柄粗短，长8～10mm，直径约4mm；有种子3～8颗不等；种子近长圆形，长约2.5cm，宽约1.6cm。

4. 生物学习性

平均每个结果枝有3～4个果，平均株产50kg，最大株产100kg；萌芽期3月中旬，始花期4月上旬，果实始熟期7月中旬，果实成熟期7月下旬。

品种评价

产量不稳定，果实为涩柿；对寒、旱、涝、瘠、盐、风、日灼等恶劣环境有较强抵抗能力。

生境

叶片

莲花盘柿

Diospyros kaki Thunb. 'Lianhuapanshi'

- 调查编号： CAOSYLHX010

- 所属树种： 柿 *Diospyros kaki* Thunb.

- 提 供 人： 刘建卫
  电　　话： 13592028278
  住　　址： 河南省洛阳市嵩县何村乡
  阴坡村后洼宋家洼

- 调 查 人： 李好先
  电　　话： 13903834781
  单　　位： 中国农业科学院郑州果树
  研究所

- 调查地点： 河南省洛阳市嵩县何村乡
  阴坡村后洼宋家洼

- 地理数据： GPS数据（海拔：460m，
  经度：E112°0'14"，纬度：N34°09'21"）

- 样本类型： 枝条

生境信息

来源于当地，生于田间坡度60°的坡地，该地为耕地，土质为壤土，伴生物种为核桃、桃。种植年限130年，现存15株，种植面积0.67hm²，种植农户为5户。

植物学信息

1. 植株情况

乔木，树龄135年，繁殖方法为实生，树势弱，多干，最大干周150cm。

2. 植物学特征

嫩梢茸毛密度中等，梢尖茸毛着色为黄绿；嫩梢黄绿色，成熟枝条暗褐色；节间长度约28cm；叶柄长11cm；成龄叶长14cm，宽7cm，叶片形状为长椭圆形，叶色深绿有光泽；成龄叶全缘，叶缘光滑微曲；叶面微波，叶尖渐尖，叶基部楔形；叶下表面叶脉间匍匐茸毛密，叶脉间直立茸毛密。

花雌雄异株或杂性，雄花聚伞花序，生于当年生枝下部，腋生，单生，每花序有花4～5朵，有时更多，或中央1朵为雌花，且能发育成果；雄花花萼4裂，裂片卵状三角形；花冠壶形，花冠管4裂，裂片旋转排列，近半圆形；退化子房微小，密生长茸毛；雌花单生叶腋，花萼钟形，4裂，深裂至中裂，裂片宽卵形或近半圆形，先端骤短渐尖，两侧向背面反曲；花冠壶形或近钟形，外面在棱上疏生长茸毛，内面无毛，4深裂，裂片旋转排列，宽卵形或近圆形，先端向后反曲。

3. 果实性状

果卵形、球形或扁球形，略呈4棱；果实长7cm，直径约8cm；果实嫩时绿色，成熟时黄褐色；果柄粗短，长8～10mm，直径约4mm；有种子3～8颗不等；种子近长圆形，长约2.5cm，宽约1.6cm。

4. 生物学习性

平均株产250kg，最大株产500kg；萌芽期3月中旬，始花期4月下旬，果实始熟期8月中旬，果实成熟期8月下旬。

品种评价

产量高，果个大；果实含糖量高，风味佳，优质；对寒、旱、涝、瘠、盐、风、日灼等恶劣环境有较强抵抗能力。

植株

茎干

花和叶片

三里岗柿

Diospyros kaki Thunb. 'Sanligangshi'

调查编号：CAOSYLHX172

所属树种：柿 *Diospyros kaki* Thunb.

提供人：柴和全
电　话：13098449460
住　址：湖北省随州市随县三里岗镇扣扣垭村

调查人：谢恩忠
电　话：13908663530
单　位：湖北随州市林业局

调查地点：湖北省随州市随县三里岗镇三八村

地理数据：GPS数据（海拔：221m，经度：E31°29′53.6″，纬度：N113°03′45.1″）

样本类型：种子、叶、枝条

生境信息

来源于当地，生于庭院平地，该地为耕地，土质为砂土，伴生物种为桑树。种植年限100年以上，现存5株，3户农户种植。

植物学信息

1. 植株情况

乔木，无定形，无架，单干，冠幅东西10m、南北9m，干高10～12m，最大干周205cm；繁殖方法为实生，树势强。

2. 植物学特征

嫩梢茸毛极疏，梢尖茸毛着色极浅；嫩梢黄绿色，成熟枝条暗褐色；节间长度约25mm；叶柄长10cm；成龄叶长11.5cm，宽8.5cm，叶片形状为长椭圆形，叶色深绿有光泽；成龄叶全缘，叶缘光滑微曲；叶面微波，叶尖渐尖，叶基部楔形；叶下表面叶脉间匍匐茸毛极疏，叶脉间直立茸毛极疏。

花雌雄异株或杂性，雄花聚伞花序，生于当年生枝下部，腋生，单生，每花序有花4～5朵，有时更多，或中央1朵为雌花，且能发育成果；雄花花萼4裂，裂片卵状三角形；花冠壶形，花冠管4裂，裂片旋转排列，近半圆形；退化子房微小，密生长茸毛；雌花单生叶腋，花萼钟形，4裂，深裂至中裂，裂片宽卵形或近半圆形，先端骤短渐尖，两侧向背面反曲；花冠壶形或近钟形，外面在棱上疏生长茸毛，内面无毛，4深裂，裂片旋转排列，宽卵形或近圆形，先端向后反曲。

3. 果实性状

果实球形，果顶微凹；果实长12cm，直径约12cm；平均单果重370g，最大单果重479g；果实嫩时黄绿色，果粉厚中等；果皮厚，果肉质地硬汁液少，果肉颜色浅，果肉为青草味；果柄粗短，长8～10mm，直径约4mm；种子小。

4. 生物学习性

丰产，连年结果，平均株产300kg；萌芽期3月中旬，始花期4月上旬，果实始熟期10月上旬，果实成熟期10月下旬。

品种评价

产量稳定；特甜；对寒、旱、涝、瘠、盐、风、日灼等恶劣环境有较强抵抗能力；抗病性强。

生境

植株

叶片

主干

果实

大洪山冬柿

Diospyros kaki Thunb.
'Dahongshandongshi'

调查编号：CAOSYLHX179

所属树种：柿 *Diospyros kaki* Thunb.

提 供 人：余光志
电　　话：13597829558
住　　址：湖北省随州市随县三里岗
　　　　　镇熊氏祠村2组

调 查 人：谢恩忠
电　　话：13908663530
单　　位：湖北随州市林业局

调查地点：湖北省随州市随县长岗镇
　　　　　熊氏祠村2组

地理数据：GPS数据（海拔：331m，
　　　　　经度：E112°58'14.3"，纬度：N31°31'25.3"）

样本类型：种子、叶、枝条

生境信息

来源于当地，生于旷野坡度为70°的坡地，该地为原始林，土质为壤土，伴生物种为栎树；种植年限10年，现存5株。

植物学信息

1. 植株情况

乔木，树龄10年，繁殖方法为实生，树势弱；单干，最大干周20cm；生长势强。

2. 植物学特征

嫩梢茸毛密度疏，梢尖茸毛着色深；嫩梢黄绿色，成熟枝条红褐色；叶柄长7mm；成龄叶长7cm，宽5cm，叶片形状为椭圆形，叶色深绿有光泽；成龄叶全缘，叶缘光滑微曲；叶面微波，叶尖渐尖，叶基部楔形；叶下表面叶脉间匍匐茸毛疏，叶脉间直立茸毛疏。

花雌雄异株或杂性，雄花聚伞花序，生于当年生枝下部，腋生，单生，每花序有花4～5朵，有时更多，或中央1朵为雌花，且能发育成果；雄花花萼4裂，裂片卵状三角形；花冠壶形，花冠管4裂，裂片旋转排列，近半圆形；退化子房微小，密生长茸毛；雌花单生叶腋，花萼钟形，4裂，深裂至中裂，裂片宽卵形或近半圆形，先端骤短渐尖，两侧向背面反曲；花冠壶形或近钟形，外面在棱上疏生长茸毛，内面无毛，4深裂，裂片旋转排列，宽卵形或近圆形，先端向后反曲。

3. 果实性状

果实圆形，果顶平；果实个小，果实长3.5cm，直径约3.9cm；平均单果重56g；果皮黄绿色；果粉厚度中等；果柄粗短，长8～10mm，直径约4mm；果肉颜色浅。

4. 生物学习性

果个小，果实涩，品质不佳；萌芽期4月中旬，始花期5月中旬，果实始熟期10月中旬，果实成熟期10月下旬；果肉质地脆，汁液少，香味淡。

品种评价

产量高，果实为涩柿，可食用；对寒、旱、涝、瘠、盐、风、日灼等恶劣环境有较强抵抗能力。

植株

果实

叶片

申家岗柿

Diospyros kaki Thunb. 'Shenjiagangshi'

调查编号：CAOSYLHX193

所属树种：柿 *Diospyros kaki* Thunb.

提供人：李志勇
电　话：0722-4730090
住　址：湖北省随州市随县唐县镇
十里村1组申家岗

调查人：谢恩忠
电　话：13908663530
单　位：湖北随州市林业局

调查地点：湖北省随州市随县唐县镇
十里村1组申家岗

地理数据：GPS数据（海拔：159m，
经度：E113°06′38.5″，纬度：N32°02′11.4″）

样本类型：种子、叶、枝条

生境信息

来源于当地，生于庭院平地，土质为砂壤土，伴生物种为杨树；种植年限7年，现存1株，1户农户种植。

植物学信息

1. 植株情况

乔木，树龄7年，繁殖方法为实生，树势弱，无定形，无架，单干，最大干周20cm；不埋土露地越冬；生长势强。

2. 植物学特征

嫩梢茸毛密度中等，梢尖茸毛黄绿色；嫩梢黄绿色，成熟枝条黄褐色；叶柄长6~10mm；成龄叶长15cm，宽3.5cm，叶片长椭圆形，叶色深绿有光泽，纸质；成龄叶全缘，叶缘光滑微曲；叶面微波，叶尖渐尖，叶基部楔形；叶下表面叶脉间匍匐茸毛疏，叶脉间直立茸毛疏。

花雌雄异株或杂性，雄花聚伞花序，生于当年生枝下部，腋生，单生，每花序有花4~5朵，有时更多，或中央1朵为雌花，且能发育成果；雄花花萼4裂，裂片卵状三角形；花冠壶形，花冠管4裂，裂片旋转排列，近半圆形；退化子房微小，密生长茸毛；雌花单生叶腋，花萼钟形，4裂，深裂至中裂，裂片宽卵形或近半圆形，先端骤短渐尖，两侧向背面反曲；花冠壶形或近钟形，外面在棱上疏生长茸毛，内面无毛，4深裂，裂片旋转排列，宽卵形或近圆形，先端向后反曲。

3. 果实性状

果扁球形，有盖有缢痕，磨盘状，略呈4棱；果实长4.5cm，直径约6.5cm；平均单果重为224g；果实嫩时绿色，成熟时黄色；果皮厚，表皮光滑；果柄粗短，长8~10mm，直径约4mm；种子少或无；种子近长圆形。

4. 生物学习性

丰产性好，株产50kg；萌芽期4月上旬，始花期5月上旬，果实始熟期9月中旬，果实成熟期10月上旬。

品种评价

产量高，果实美观；对寒、旱、涝、瘠、盐、风、日灼等恶劣环境有较强抵抗能力。

生境

主干及叶片

植株

果实

盛茂冲柿

Diospyros kaki Thunb. 'Shengmaochongshi'

调查编号：CAOSYLHX203

所属树种：柿 *Diospyros kaki* Thunb.

提 供 人：陈广洲
电　　话：15549777891
住　　址：湖北省随州市随县均川镇
　　　　　盛茂冲村4组

调 查 人：谢恩忠
电　　话：13908663530
单　　位：湖北随州市林业局

调查地点：湖北省随州市随县均川镇
　　　　　盛茂冲村4组

地理数据：GPS数据（海拔：114m，
经度：E113°12′39.0″，纬度：N31°40′31″）

样本类型：种子、叶、枝条

生境信息

来源于当地，生于旷野平地，土壤质地为壤土，伴生物种为杨树；种植年限30年，现存1株，1户农户种植。

植物学信息

1. 植株情况

乔木，树龄7年，繁殖方法为实生，树势强，无定形。

2. 植物学特征

嫩梢茸毛密度密，梢尖茸毛着色浅；嫩梢黄绿色，成熟枝条暗褐色；节间长度约20cm；叶柄长11mm；成龄叶长5.5cm，宽3cm，叶片卵圆形，叶色深绿有光泽；成龄叶全缘，叶缘光滑微曲；叶面微波，叶尖渐尖，叶基部楔形；叶下表面叶脉间匍匐茸毛极疏，叶脉间直立茸毛极疏。

花雌雄异株或杂性，雄花聚伞花序，生于当年生枝下部，腋生，单生，每花序有花4～5朵，有时更多，或中央1朵为雌花，且能发育成果；雄花花萼4裂，裂片卵状三角形；花冠壶形，花冠管4裂，裂片旋转排列，近半圆形；退化子房微小，密生长茸毛；雌花单生叶腋，花萼钟形，4裂，深裂至中裂，裂片宽卵形或近半圆形，先端骤短渐尖，两侧向背面反曲；花冠壶形或近钟形，外面在棱上疏生长茸毛，内面无毛，4深裂，裂片旋转排列，宽卵形或近圆形，先端向后反曲。

3. 果实性状

果实扁球形，果顶微凹；果实长4cm，直径约6cm；平均单果重182g；果实嫩时绿色，成熟时黄绿色，果粉薄；果柄粗短，长8～10mm，直径约4mm；果肉汁液少，果肉香味少。

4. 生物学习性

萌芽期4月中旬，始花期5月上旬，果实始熟期9月中旬，果实成熟期9月下旬。

品种评价

产量不稳定，产量不高；果实为涩柿；对寒、旱、涝、瘠、盐、风、日灼等恶劣环境有较强抵抗能力；果实风味不佳。

果实

生境

植株

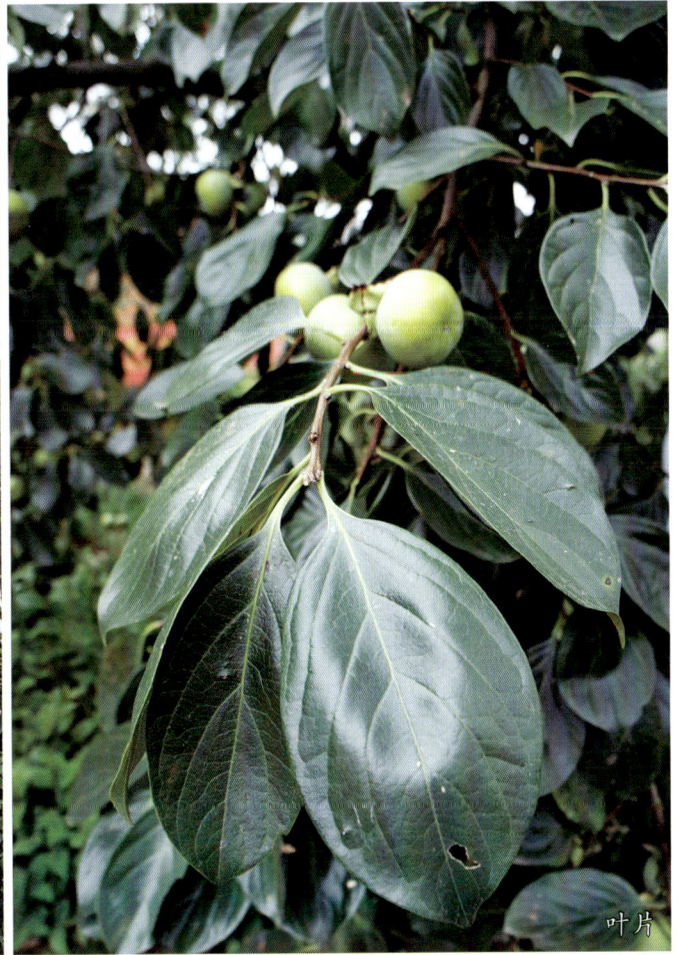

叶片

丰年柿

Diospyros kaki Thunb. 'Fengnianshi'

调查编号： CAOSYLHX204

所属树种： 柿 *Diospyros kaki* Thunb.

提 供 人： 徐道明
电　　话： 15908660898
住　　址： 湖北省随州市曾都区淅河镇大堰坡社区都山村1组

调 查 人： 谢恩忠
电　　话： 13908663530
单　　位： 湖北随州市林业局

调查地点： 湖北省随州市曾都区淅河镇大堰坡社区都山村1组

地理数据： GPS数据（海拔：161m，经度：E113°2707.6"，纬度：N31°34'55.4"）

样本类型： 种子、叶、枝条

生境信息

来源于当地，生于旷野坡度为30°的坡地，该地为人工林，土壤质地为砂壤土，伴生物种为梧桐树；种植年限100年，现存20株，1户农户种植。

植物学信息

1. 植株情况

乔木，树龄100年，繁殖方法为实生，树势强。

2. 植物学特征

嫩梢茸毛密度疏，梢尖茸毛黄绿色；嫩梢黄绿色，成熟枝条黄褐色；节间长度约23mm；叶柄长10mm；成龄叶长6cm，宽3cm，叶片形状为椭圆形，叶色深绿有光泽；成龄叶全缘，叶缘光滑微曲；叶面微波，叶尖渐尖，叶基部楔形；叶下表面叶脉间匍匐茸毛极疏，叶脉间直立茸毛极疏。

花雌雄异株或杂性，雄花聚伞花序，生于当年生枝下部，腋生，单生，每花序有花4~5朵，有时更多，或中央1朵为雌花，且能发育成果；雄花花萼4裂，裂片卵状三角形；花冠壶形，花冠管4裂，裂片旋转排列，近半圆形；退化子房微小，密生长茸毛；雌花单生叶腋，花萼钟形，4裂，深裂至中裂，裂片宽卵形或近半圆形，先端骤短渐尖，两侧向背面反曲；花冠壶形或近钟形，外面在棱上疏生长茸毛，内面无毛，4深裂，裂片旋转排列，宽卵形或近圆形，先端向后反曲。

3. 果实性状

果实球形，果顶平或微凹；果实纵径4.2cm，横径约4.9cm；果实嫩时绿色，成熟时黄绿色，果粉厚度中等；果肉汁液量中等，香味为青草味；果柄粗短，长8~10mm，直径约4mm；种子少或无；种子近长圆形。

4. 生物学习性

产量高，平均株产80kg，最大株产150kg；萌芽期4月中旬，始花期5月上旬，果实始熟期8月中旬，果实成熟期8月下旬。

品种评价

产量稳定，果实为涩柿；果实香味程度中等，品质中上；对寒、旱、涝、瘠、盐、风、日灼等恶劣环境有较强抵抗能力。

植株

主干

枝叶

叶片

果实

丰年牛心柿

Diospyros kaki Thunb. 'Fengnianniuxinshi'

调查编号：CAOSYLHX205

所属树种：柿 *Diospyros kaki* Thunb.

提 供 人：徐道明
电　　话：15908660898
住　　址：湖北省随州市曾都区淅河
　　　　　镇大堰坡社区都山村1组

调 查 人：谢恩忠
电　　话：13908663530
单　　位：湖北随州市林业局

调查地点：湖北省随州市曾都区淅河
　　　　　镇大堰坡社区都山村1组

地理数据：GPS数据（海拔：167m，
　　　　　经度：E113°2706.5"，纬度：N31°34'55.4"）

样本类型：种子、叶、枝条

生境信息

来源于当地，生于旷野坡度为45°的坡地，该地为人工林，土壤质地为砂壤土，伴生物种为梧桐树。种植年限90年，现存5株，1户农户种植。

植物学信息

1. 植株情况

乔木，单干，生长势强。

2. 植物学特征

嫩梢茸毛密，梢尖茸毛着色浅；嫩梢黄绿色，成熟枝条暗褐色；节间长度约24cm；叶柄长13mm；成龄叶长15.5cm，宽8.2cm，叶片长椭圆形；幼叶绿色带有黄斑，成龄叶深绿色有光泽；成龄叶全缘，叶缘光滑微曲；叶面微波，叶尖渐尖，叶基部楔形；叶下表面叶脉间无匍匐茸毛，叶脉间无直立茸毛密。

花雌雄异株或杂性，雄花聚伞花序，生于当年生枝下部，腋生，单生，每花序有花4～5朵，有时更多，或中央1朵为雌花，且能发育成果；雄花花萼4裂，裂片卵状三角形；花冠壶形，花冠管4裂，裂片旋转排列，近半圆形；退化子房微小，密生长茸毛；雌花单生叶腋，花萼钟形，4裂，深裂至中裂，裂片宽卵形或近半圆形，先端骤短渐尖，两侧向背面反曲；花冠壶形或近钟形，外面在棱上疏生长茸毛，内面无毛，4深裂，裂片旋转排列，宽卵形或近圆形，先端向后反曲。

3. 果实性状

果实圆形，果顶略尖；果实纵径5.9cm，横径约5.7cm；平均单果重211g；果实嫩时绿色，成熟时橘黄色，果粉薄；果肉颜色深，汁液量中等，香味为青草味；果柄粗短，长8～10mm，直径约4mm；种子少或无。

4. 生物学习性

丰产性好；萌芽期4月中旬，始花期5月上旬，果实始熟期8月中旬，果实成熟期8月下旬。

品种评价

产量稳定，果实香味淡，品质中上；对寒、旱、涝、瘠、盐、风、日灼等恶劣环境有较强抵抗能力。

果实

植株

叶片

主干

鹅卵柿

Diospyros kaki Thunb. 'Eluanshi'

调查编号： CAOSYLHX206

所属树种： 柿 *Diospyros kaki* Thunb.

提 供 人： 徐道明
电 话： 15908660898
住 址： 湖北省随州市曾都区浙河
镇大堰坡社区都山村1组

调 查 人： 谢恩忠
电 话： 13908663530
单 位： 湖北随州市林业局

调查地点： 湖北省随州市曾都区浙河
镇大堰坡社区都山村1组

地理数据： GPS数据（海拔：178m，
经度：E113°2705.3"，纬度：N31°34'53.8"）

样本类型： 种子、叶、枝条

生境信息

来源于当地，生于旷野坡度为45°的坡地，该地为人工林，土壤质地为砂壤土，伴生物种为梧桐树；种植年限60年，现存1株，1户农户种植。

植物学信息

1. 植株情况

乔木，树龄60年，繁殖方法为实生，树势强，无定形，最大干周40cm；生长势强。

2. 植物学特征

嫩梢茸毛密度中等，梢尖茸毛黄绿色；嫩梢黄绿色，成熟枝条黄褐色；节间长度约28mm；叶柄长11mm；成龄叶长11cm，宽8cm，叶片椭圆形，幼叶黄绿色带黄斑，成龄叶深绿色有光泽；成龄叶全缘，叶缘光滑微曲；叶面微波，叶尖渐尖，叶基部楔形；叶下表面叶脉间无匍匐茸毛，叶脉间无直立茸毛。

花雌雄异株或杂性，雄花聚伞花序，生于当年生枝下部，腋生，单生，每花序有花4~5朵，有时更多，或中央1朵为雌花，且能发育成果；雄花花萼4裂，裂片卵状三角形；花冠壶形，花冠管4裂，裂片旋转排列，近半圆形；退化子房微小，密生长茸毛；雌花单生叶腋，花萼钟形，4裂，深裂至中裂，裂片宽卵形或近半圆形，先端骤短渐尖，两侧向背面反曲；花冠壶形或近钟形，外面在棱上疏生长茸毛，内面无毛，4深裂，裂片旋转排列，宽卵形或近圆形，先端向后反曲。

3. 果实性状

果实长卵形，果顶尖；果实纵径4.3cm，横径约3.7cm；果实嫩时绿色，成熟时黄绿色，果粉薄；果肉颜色深，质地较脆，汁液量中等；有青草味；果柄粗短，长8~10mm，直径约4mm；种子少或无。

4. 生物学习性

高产，平均株产60kg，最大株产80kg；萌芽期4月中旬，始花期5月上旬，果实始熟8月中旬，果实成熟期8月下旬。

品种评价

产量不稳定，果实为涩柿，果肉香味淡，品质中；对寒、旱、涝、瘠、盐、风、日灼等恶劣环境有较强抵抗能力。

果实

生境

叶片

主干

尖顶柿

Diospyros kaki Thunb. 'Jiandingshi'

调查编号： CAOSYLJZ023

所属树种： 柿 *Diospyros kaki* Thunb.

提 供 人： 李建志
电　　话： 13937782275
住　　址： 河南省南阳市淅川县毛堂乡店子村

调 查 人： 李好先
电　　话： 13903834781
单　　位： 中国农业科学院郑州果树研究所

调查地点： 河南省南阳市淅川县毛堂乡十漕沟村老庄组

地理数据： GPS数据（海拔：192m，经度：E111°22′57.16″，纬度：N33°12′9.18″）

样本类型： 种子、果实、叶、枝条

生境信息

来源于当地，生于当地平地，该地为原始林，土质为砂壤土，伴生物种为樱桃、柏树，种植年限120年，种植面积0.67hm²，种植农户1户。

植物学信息

1. 植株情况

乔木，树龄120年，繁殖方法为嫁接，砧木是君迁子，无架势，无定形，不埋土露地越冬，单干，干周150cm；生长势强。

2. 植物学特征

嫩梢茸毛密度疏，梢尖茸毛黄绿色；嫩梢黄绿色，成熟枝条黄褐色；节间长度约21cm；叶柄长10mm；成龄叶长18cm，宽8cm，叶片长椭圆形，叶色深绿有光泽；成龄叶全缘，叶缘光滑微曲；叶面微波，叶尖渐尖，叶基部V形；叶下表面叶脉间无匍匐茸毛，叶脉间无直立茸毛。

3. 果实性状

果实钝卵圆形，果顶尖；果实纵径4cm，横径约3cm；平均单果重22.4g；果实嫩时绿色，成熟时黄绿色，果粉薄；果肉颜色深，质地硬，汁液少；果柄粗短，长8～10mm，直径约4mm；种子少或无。

4. 生物学习性

单株平均产60kg，单株最高75kg，高产；开始结果年龄为5年，结果枝率为80%，副梢结实力强，全树一致成熟，成熟期轻微落果，有二次结果习性；萌芽时期3月中旬，始花期3月下旬，果实始熟期10月上旬，果实成熟期10月中旬。

品种评价

果实甜，晚熟；耐贫瘠。

生境

植株

叶片

果实

邵原牛心柿

Diospyros kaki Thunb. 'Shaoyuanniuxinshi'

调查编号：CAOSYWWZ001

所属树种：柿 *Diospyros kaki* Thunb.

提 供 人：杨泽修
电　　话：15737593307
住　　址：河南省济源市邵原镇黄楝树村

调 查 人：王文战
电　　话：13838902065
单　　位：河南省国有济源市苗圃场

调查地点：河南省济源市邵原镇黄楝树村

地理数据：GPS数据（海拔：470m，经度：E112°08′44.29″，纬度：N35°13′13.07″）

样本类型：种子、果实、枝条

生境信息

来源于当地，生于庭院，村庄路旁的坡地，土壤质地为壤土，种植年限100年。

植物学信息

1.植株情况

乔木，树势中等；树高11m，干高1.6m，最大干周140cm。

2.植物学特征

无嫩梢茸毛，梢尖茸毛着色浅；嫩梢黄绿色，成熟枝条暗褐色；节间长度约27mm；叶柄长6～10mm；成龄叶长6.5～14cm，宽3.5～10cm，叶片长椭圆形，叶色深绿有光泽；成龄叶全缘，叶缘光滑微曲；叶面微波，叶尖渐尖，叶基部圆形；叶下表面叶脉间无匍匐茸毛，叶脉间无直立茸毛。

花雌雄异株或杂性，雄花聚伞花序，生于当年生枝下部，腋生，单生，每花序有花4～5朵，有时更多，或中央1朵为雌花，且能发育成果；雄花花萼4裂，裂片卵状三角形；花冠壶形，花冠管4裂，裂片旋转排列，近半圆形；退化子房微小，密生长茸毛；雌花单生叶腋，花萼钟形，4裂，深裂至中裂，裂片宽卵形或近半圆形，先端骤短渐尖，两侧向背面反曲；花冠壶形或近钟形，外面在棱上疏生长茸毛，内面无毛，4深裂，裂片旋转排列，宽卵形或近圆形，先端向后反曲。

3.果实性状

果实扁球形，略呈4棱4凹；果实纵径6.5cm，横径约5cm；果实嫩时绿色，成熟时暗黄色，有易脱落的软毛；果柄粗短，长8～10mm，直径约4mm；有种子3～8颗不等；种子近长圆形，长约2.5cm，宽约1.6cm。

4.生物学习性

萌芽期3月中旬，花期4～5月，果实始熟期10月上旬，果实成熟期10月下旬。

品种评价

高产；果实可食用；对寒、旱、涝、瘠、盐、风、日灼等恶劣环境有较强抵抗能力。

植株

果实

果实

枝叶

红古兰柿

Diospyros kaki Thunb. 'Honggulanshi'

调查编号： CAOSYWWZ002

所属树种： 柿 *Diospyros kaki* Thunb.

提 供 人： 杨泽修
电　　话： 15737593307
住　　址： 河南省济源市邵原镇黄楝树村

调 查 人： 王文战
电　　话： 13838902065
单　　位： 河南省国有济源市苗圃场

调查地点： 河南省济源市邵原镇黄楝树村

地理数据： GPS数据（海拔：470m，经度：E112°08′44.29″，纬度：N35°13′13.07″）

样本类型： 种子、果实、枝条

生境信息

来源于当地，生于庭院、村庄路旁的坡地，土壤质地为壤土。

植物学信息

1. 植株情况

乔木，树高16m，干主2m，最大干周109cm；生长势强。

2. 植物学特征

无嫩梢茸毛，梢尖茸毛着色浅；嫩梢黄绿色，成熟枝条暗褐色；节间长度约28mm；叶柄长6～10mm；成龄叶长6.5～17cm，宽3.5～10cm，叶片长椭圆形，叶色深绿有光泽；成龄叶全缘，叶缘光滑微曲，叶面微波，叶尖渐尖，叶基部楔形；叶下表面叶脉间匍匐茸毛疏，叶脉间直立茸毛疏。

花雌雄异株或杂性，雄花聚伞花序，生于当年生枝下部，腋生、单生，每花序有花4～5朵，有时更多，或中央1朵为雌花，且能发育成果；雄花花萼4裂，裂片卵状三角形；花冠壶形，花冠管4裂，裂片旋转排列，近半圆形；退化子房微小，密生长茸毛；雌花单生叶腋，花萼钟形，4裂，深裂至中裂，裂片宽卵形或近半圆形，先端骤短渐尖，两侧向背面反曲；花冠壶形或近钟形，外面在棱上疏生长茸毛，内面无毛，4深裂，裂片旋转排列，宽卵形或近圆形，先端向后反曲。

3. 果实性状

果实卵形，果顶平，略呈4棱；果实纵径4.5～7cm，横径约5cm；果实嫩时绿色，成熟时暗黄色，有易脱落的软毛；果肉颜色深；果柄粗短，长8～10mm，直径约4mm；有种子3～8颗不等；种子近长圆形，长约2.5cm，宽约1.6cm。

4. 生物学习性

平均每个结果枝有3～4个果，平均株产100kg，最大株产150kg；萌芽期4月中旬，始花期5月上旬，果实始熟期10月中旬，果实成熟期10月下旬。

品种评价

产量稳定，果实为涩柿；对寒、旱、涝、瘠、盐、风、日灼等恶劣环境有较强抵抗能力。

叶片

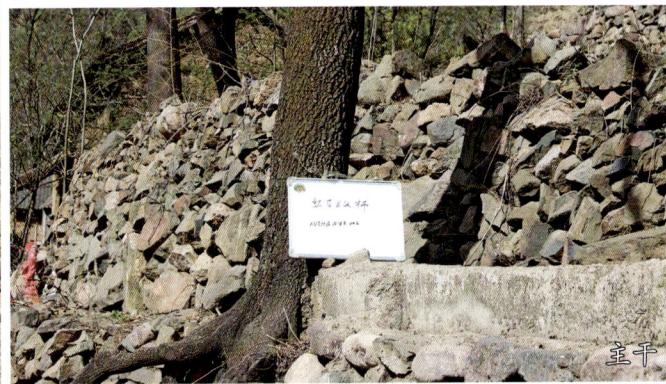

树冠

植株

主干

枝条

邵原小柿

Diospyros kaki Thunb. 'Shaoyuanxiaoshi'

- 调查编号： CAOSYWWZ003

- 所属树种： 柿 *Diospyros kaki* Thunb.

- 提 供 人： 杨泽修
  电　　话： 15737593307
  住　　址： 河南省济源市邵原镇黄楝树村

- 调 查 人： 王文战
  电　　话： 13838902065
  单　　位： 河南省国有济源市苗圃场

- 调查地点： 河南省济源市邵原镇黄楝树村

- 地理数据： GPS数据（海拔：470m，经度：E112°08'44.29"，纬度：N35°13'13.07"）

- 样本类型： 种子、果实

生境信息

来源于当地，生于庭院。

植物学信息

1. 植株情况

乔木，树势中等，树高8m，干主1.7m，最大干周120cm；生长势强。

2. 植物学特征

无嫩梢茸毛，梢尖茸毛黄绿色；嫩梢黄绿色，成熟枝条黄褐色；节间长度约21mm；叶柄长6～11mm；成龄叶长17.5cm，宽9cm，叶片长椭圆形，叶色深绿有光泽；成龄叶全缘，叶缘光滑微曲；叶面微波，叶尖渐尖，叶基部楔形；叶下表面叶脉间无匍匐茸毛，叶脉间无直立茸毛。

花雌雄异株或杂性，雄花聚伞花序，生于当年生枝下部，腋生，单生，每花序有花4～5朵，有时更多，或中央1朵为雌花，且能发育成果；雄花花萼4裂，裂片卵状三角形；花冠壶形，花冠管4裂，裂片旋转排列，近半圆形；退化子房微小，密生长茸毛；雌花单生叶腋，花萼钟形，4裂，深裂至中裂，裂片宽卵形或近半圆形，先端骤短渐尖，两侧向背面反曲；花冠壶形或近钟形，外面在棱上疏生长茸毛，内面无毛，4深裂，裂片旋转排列，宽卵形或近圆形，先端向后反曲。

3. 果实性状

果实卵形，果顶平；略呈4棱；果实纵径5.6cm，横径约6cm；平均单果重85.6g；果实嫩时绿色，成熟时红褐色，果粉厚度中等；果柄粗短，长8～10mm，直径约4mm；有种子3～8颗不等；种子近长圆形，长约2.5cm，宽约1.6cm。

4. 生物学习性

平均每个结果枝有3～4个果，平均株产100kg，最大株产120kg；萌芽期4月中旬，始花期5月上旬，果实始熟期9月中旬，果实成熟期10月上旬。

品种评价

产量不稳定，果实为涩柿；对寒、旱、涝、瘠、盐、风、日灼等恶劣环境有较强抵抗能力。

植株

叶片

花

果实

大美顶柿

Diospyros kaki Thunb. 'Dameidingshi'

调查编号： CAOSYWWZ022

所属树种： 柿 *Diospyros kaki* Thunb.

提 供 人： 李明江
电　　话： 15938125640
住　　址： 河南省济源市邵原镇黄楝树村

调 查 人： 王文战
电　　话： 13838902065
单　　位： 河南省国有济源市苗圃场

调查地点： 河南省济源市邵原镇黄楝树村

地理数据： GPS数据（海拔：675.2m，经度：E112°05′59.53″，纬度：N35°13′05.06″）

样本类型： 枝条

生境信息

来源于当地，生于田间，地形为河谷，土质为砂壤土，伴生物种为栎树，种植年限80年。

植物学信息

1. 植株情况

乔木，树龄120年，树高12m，最大干周120cm；生长势强。

2. 植物学特征

无嫩梢茸毛，梢尖茸毛黄绿色；嫩梢黄绿色，成熟枝条黄褐色；节间长度约21mm；叶柄长10mm；成龄叶长19.1cm，宽11.2cm，叶片椭圆形，叶色深绿有光泽；成龄叶全缘，叶缘光滑微曲；叶面微波，叶尖渐尖，叶基部楔形；叶下表面叶脉间无匍匐茸毛，叶脉间无直立茸毛。

花雌雄异株或杂性，雄花聚伞花序，生于当年生枝下部，腋生，单生，每花序有花4~5朵，有时更多，或中央1朵为雌花，且能发育成果；雄花花萼4裂，裂片卵状三角形；花冠壶形，花冠管4裂，裂片旋转排列，近半圆形；退化子房微小，密生长茸毛；雌花单生叶腋，花萼钟形，4裂，深裂至中裂，裂片宽卵形或近半圆形，先端骤短渐尖，两侧向背面反曲；花冠壶形或近钟形，外面在棱上疏生长茸毛，内面无毛，4深裂，裂片旋转排列，宽卵形或近圆形，先端向后反曲。

3. 果实性状

果实扁球形，略呈4棱4凹，果顶略尖；果实纵径6.7cm，横径约7.8cm；果实嫩时绿色，成熟时暗红色；果柄粗短，长8~10mm，直径约4mm；有种子3~8颗不等；种子近长圆形，长约2.5cm，宽约1.6cm。

4. 生物学习性

平均每个结果枝有3~4个果，平均株产80kg，最大株产100kg；萌芽期4月中旬，始花期5月上旬，果实始熟期10月上旬，果实成熟期10月中旬。

品种评价

产量不稳定，果实为涩柿；对寒、旱、涝、瘠、盐、风、日灼等恶劣环境有较强抵抗能力；适应性广。

生境

叶片

植株

果实

古兰青柿

Diospyros kaki Thunb. 'Gulanqingshi'

调查编号：CAOSYWWZ024

所属树种：柿 *Diospyros kaki* Thunb.

提 供 人：蒋子贺
电　　话：18790658801
住　　址：河南省济源市邵原镇黄楝
　　　　　树村

调 查 人：王文战
电　　话：13838902065
单　　位：河南省国有济源市苗圃场

调查地点：河南省济源市邵原镇黄楝
　　　　　树村

地理数据：GPS数据（海拔：661.4m，
　　　　　经度：E112°06'14.01"，纬度：N35°13'02.60"）

样本类型：果实、种子、枝条

生境信息

来源于当地，生于田间坡度为30°的坡地，该地为耕地，土质为砂土，伴生物种为栎树，种植年限80年，现存2株。

植物学信息

1. 植株情况

乔木，树龄80年，树势中，树高1.1m，干周120cm；生长势强。

2. 植物学特征

无嫩梢茸毛，梢尖茸毛着色浅；嫩梢黄绿色，成熟枝条暗褐色；节间长度约22.6mm；叶柄长11mm；成龄叶长6cm，宽3cm，叶片形状为椭圆形，叶色深绿有光泽；成龄叶全缘，叶缘光滑微曲，叶面微波，叶尖渐尖，叶基部楔形；叶下表面叶脉间无匍匐茸毛，叶脉间无直立茸毛。

花雌雄异株或杂性，雄花聚伞花序，生于当年生枝下部，腋生，单生，每花序有花4~5朵，有时更多，或中央1朵为雌花，且能发育成果；雄花花萼4裂，裂片卵状三角形；花冠壶形，花冠管4裂，裂片旋转排列，近半圆形；退化子房微小，密生长茸毛；雌花单生叶腋，花萼钟形，4裂，深裂至中裂，裂片宽卵形或近半圆形，先端骤短渐尖，两侧向背面反曲；花冠壶形或近钟形，外面在棱上疏生长茸毛，内面无毛，4深裂，裂片旋转排列，宽卵形或近圆形，先端向后反曲。

3. 果实性状

果实扁圆形，略呈4棱4凹；果实纵径6.4cm，横径约7.5cm；果实嫩时绿色，成熟时暗黄色；果柄粗短，长8~10mm，直径约4mm；有种子3~8颗不等；种子近长圆形，长约2.5cm，宽约1.6cm。

4. 生物学习性

萌芽期4月中旬，始花期4月上旬，果实始熟期9月中旬，果实成熟期10月中旬。

品种评价

高产，产量不稳定，果实为涩柿；果实可食用；对寒、旱、涝、瘠、盐、风、日灼等恶劣环境有较强抵抗能力。

植株

结果状

枝叶

果实

八月黄柿

Diospyros kaki Thunb. 'Bayuehuangshi'

调查编号：CAOSYXMS013

所属树种：柿 *Diospyros kaki* Thunb.

提 供 人：杨付印
电　　话：13403997079
住　　址：河南省济源市邵原镇黄背角村

调 查 人：薛茂盛
电　　话：13569144873
单　　位：河南省国有济源市黄楝树林场

调查地点：河南省济源市邵原镇黄楝树村

地理数据：GPS数据（海拔：600m，经度：E112°06'55.48"，纬度：N35°15'17.82"）

样本类型：枝条

生境信息

来源于当地，生于村旁，地形为平地，土质为砂土。

植物学信息

1. 植株情况

乔木，树势中等；树高12m，最大干周26.4cm；生长势强。

2. 植物学特征

无嫩梢茸毛，梢尖茸毛黄绿色；嫩梢黄绿色，成熟枝条黄褐色；节间长度约28mm；叶柄长11mm；成龄叶长19.1cm，宽11.2cm，叶片椭圆形，叶色深绿有光泽；成龄叶全缘，叶缘光滑微曲；叶面微波，叶尖渐尖，叶基部楔形；叶下表面叶脉间无匍匐茸毛，叶脉间无直立茸毛。

花雌雄异株或杂性，雄花聚伞花序，生于当年生枝下部，腋生，单生，每花序有花4~5朵，有时更多，或中央1朵为雌花，且能发育成果；雄花花萼4裂，裂片卵状三角形；花冠壶形，花冠管4裂，裂片旋转排列，近半圆形；退化子房微小，密生长茸毛；雌花单生叶腋，花萼钟形，4裂，深裂至中裂，裂片宽卵形或近半圆形，先端骤短渐尖，两侧向背面反曲；花冠壶形或近钟形，外面在棱上疏生长茸毛，内面无毛，4深裂，裂片旋转排列，宽卵形或近圆形，先端向后反曲。

3. 果实性状

果实扁球形，略呈4棱4凹，果顶平或略凹；果实纵径6.7cm，横径约7.9cm；平均单果重为166.7g；果实嫩时绿色，成熟时暗红色，果粉厚度中等；果柄粗短，长8~10mm，直径约4mm；种子少或无。

4. 生物学习性

平均每个结果枝有3~4个果，平均株产50kg，最大株产100kg；萌芽期4月中旬，始花期5月上旬，果实始熟期9月中旬，果实成熟期9月下旬。

品种评价

产量高，果实为涩柿；对寒、旱、涝、瘠、盐、风、日灼等恶劣环境有较强抵抗能力。

植株

叶片

结果状

幼果

果实

果园红柿

Diospyros kaki Thunb. 'Guoyuanhongshi'

调查编号： CAOSYXMS023

所属树种： 柿 *Diospyros kaki* Thunb.

提 供 人： 杨付印
电　　话： 13403997079
住　　址： 河南省济源市邵原镇黄楝树村

调 查 人： 薛茂盛
电　　话： 13569144873
单　　位： 河南省国有济源市黄楝树林场

调查地点： 河南省济源市邵原镇黄楝树村

地理数据： GPS数据（海拔：656m，经度：E112°04′01.98″，纬度：N35°13′04.88″）

样本类型： 果实（种子）、枝条

生境信息

来源于当地，土质为砂土，伴生物种为栎树，种植年限60年，现存5株，种植农户5户。

植物学信息

1. 植株情况

乔木，树势中等；树高15m，最大干周180cm，无定形。

2. 植物学特征

无嫩梢茸毛，梢尖茸毛着色浅；嫩梢黄绿色，成熟枝条暗褐色；节间长度约23mm；叶柄长11mm；成龄叶长11cm，宽8cm，叶片形状为椭圆形，叶色深绿有光泽；成龄叶全缘，叶缘光滑微曲；叶面微波，叶尖渐尖，叶基部楔形；叶下表面叶脉间无匍匐茸毛，叶脉间无直立茸毛。

花雌雄异株或杂性，雄花聚伞花序，生于当年生枝下部，腋生，单生，每花序有花4~5朵，有时更多，或中央1朵为雌花，且能发育成果；雄花花萼4裂，裂片卵状三角形；花冠壶形，花冠管4裂，裂片旋转排列，近半圆形；退化子房微小，密生长茸毛；雌花单生叶腋，花萼钟形，4裂，深裂至中裂，裂片宽卵形或近半圆形，先端骤短渐尖，两侧向背面反曲；花冠壶形或近钟形，外面在棱上疏生长茸毛，内面无毛，4深裂，裂片旋转排列，宽卵形或近圆形，先端向后反曲。

3. 果实性状

果实球形，略呈4棱，果顶尖；果实纵径7.1cm，横径约7.9cm；平均单果重为190.8g；果实嫩时绿色，成熟时暗红色；果柄粗短，长8~10mm，直径约4mm；有种子3~8颗不等；种子近长圆形，长约2cm，宽约1cm。

4. 生物学习性

平均每个结果枝有3~4个果，平均株产100kg，最大株产120kg；萌芽期4月中旬，始花期5月上旬，果实始熟期9月中旬，果实成熟期9月下旬。

品种评价

产量高，果实为涩柿；对寒、旱、涝、瘠、盐、风、日灼等恶劣环境有较强抵抗能力。

生境

植株

枝叶

花

果实

黄草洼君迁子

Diospyros lotus L. 'Huangcaowajunjunqianzi'

調查编号： CAOSYLYQ017

所属树种： 君迁子 *Diospyros lotus* L.

提 供 人： 李永清
电 话： 13513222022
住 址： 河北省保定市阜平县林业局

调 查 人： 李好先
电 话： 13903834781
单 位： 中国农业科学院郑州果树
研究所

调查地点： 河北省保定市阜平县吴王
口乡黄草洼村

地理数据： GPS数据（海拔：526m，
经度：E114°0'18.3"，纬度：N39°02'33.2"）

样本类型： 叶、枝条

生境信息

来源于当地，生于旷野平地，该地为人工林，土质为砂壤土，伴生物种为杨树，种植年限70年。

植物学信息

1. 植株情况

乔木，繁殖方法为实生，生长势中等；无定形，不埋土露地越冬，多干，干周120cm。

2. 植物学特征

嫩梢茸毛密度中等，梢尖茸毛着色浅，成熟枝条黄褐色；成龄叶长10cm，宽3cm，楔形，成龄叶全缘；幼叶绿色带有黄斑，叶下表面叶脉间匍匐茸毛密，叶脉间直立茸毛密。

3. 果实性状

果实球形；果实小；果实纵径1.4cm，横径约1.6cm；果实嫩时绿色，成熟时蓝黑色，有白蜡层；果柄粗短，长3mm，直径约2mm；种子数量多，种子小。

4. 生物学习性

每个结果枝上平均结果8个，结果枝率为80%，结实率中等；萌芽期5月中旬，始花期6月上旬，果实始熟期9月中旬，果实成熟期10月下旬。

品种评价

全树成熟期不一致；果实可入药；可做砧木；对寒、旱、涝、瘠、盐、风、日灼等恶劣环境有较强抵抗能力。

生境

植株

叶片

主干

果实

桑林柿

Diospyros kaki Thunb. 'Sanglinshi'

调查编号：CAOSYLYQ022

所属树种：柿 *Diospyros kaki* Thunb.

提 供 人：李永清
电　　话：13513222022
住　　址：河北省保定市阜平县林业局

调 查 人：李好先
电　　话：13903834781
单　　位：中国农业科学院郑州果树
　　　　　研究所

调查地点：河北省保定市阜平县夏庄
　　　　　镇桑林村

地理数据：GPS数据（海拔：516m，
　　　　　经度：E114°0'10.5"，纬度：N38°47'21.8"）

样本类型：种子、果实、叶、枝条

生境信息

来源于当地，小生境是山地，生于庭院平地，该地为耕地，土质为砂壤土，伴生物种为杨树、柳树，种植年限160年。

植物学信息

1. 植株情况

乔木；单干，树高20m，干高3m，冠幅东西6m、南北6m，干周150cm；生长势中等。

2. 植物学特征

无嫩梢茸毛，梢尖茸毛着色浅，成熟枝条黄褐色；成龄叶长10cm，宽3cm，叶片倒卵形，叶基楔形，成龄叶裂片数片数为全缘；幼叶绿色带有黄斑；叶下表面叶脉间无匍匐茸毛，叶脉间无直立茸毛。

3. 果实性状

果实扁球形，呈4棱4凹；果实纵4.5cm，横直径约7cm；果实嫩时绿色，成熟时暗黄色，果粉薄；果柄粗短，长8~10mm，直径约4mm；有种子3~8颗不等；种子近长圆形，长约2.5cm，宽约1.6cm。

4. 生物学习性

开始结果年龄6年，平均每个结果枝有8个果，结实率为30%；萌芽期4月中旬，始花期5月中旬，果实始熟期10月中旬，果实成熟期10月下旬。

品种评价

产量高，果实为涩柿；对寒、旱、涝、瘠、盐、风、日灼等恶劣环境有较强抵抗能力。

生境

叶片

主干

果实

桑林柿 2 号

Diospyros kaki Thunb. 'Sanglinshi 2'

调查编号： CAOSYLYQ023

所属树种： 柿 *Diospyros kaki* Thunb.

提 供 人： 李永清
电　　话： 13513222022
住　　址： 河北省保定市阜平县林业局

调 查 人： 李好先
电　　话： 13903834781
单　　位： 中国农业科学院郑州果树研究所

调查地点： 河北省保定市阜平县夏庄镇桑林村

地理数据： GPS数据（海拔：517m，经度：E114°0'10.5"，纬度：N38°47'21.8"）

样本类型： 种子、果实、叶、枝条

生境信息

来源于当地，小生境是山地，生于庭院平地，该地为耕地，土质为砂壤土，伴生物种为杨树、柳树，种植年限150年。

植物学信息

1. 植株情况

乔木；单干，树高19m，干高2m，干周130cm；生长势中等。

2. 植物学特征

无嫩梢茸毛，梢尖茸毛着色浅，成熟枝条黄褐色；成龄叶长12cm，宽6cm，叶片倒卵形，叶基楔形，成龄叶裂片数片数为全缘；幼叶绿色带有黄斑，叶下表面叶脉间无匍匐茸毛，叶脉间无直立茸毛。

3. 果实性状

果实扁球形，略呈4棱4凹；果实长6.5cm，直径约8cm；果实嫩时绿色，成熟时暗黄色；果柄粗短，长8~10mm，直径约4mm；有种子3~8颗不等；种子近长圆形，长约2.5cm，宽约1.6cm。

4. 生物学习性

开始结果年龄6年，平均每个结果枝有8个果，结实率为30%；萌芽期4月中旬，始花期5月中旬，果实始熟期10月中旬，果实成熟期10月下旬。

品种评价

产量高，果实为涩柿；对寒、旱、涝、瘠、盐、风、日灼等恶劣环境有较强抵抗能力。

生境

植株

叶片

花

主干

楼房柿1号

Diospyros kaki Thunb. 'Loufangshi 1'

调查编号：CAOSYLYQ026

所属树种：柿 *Diospyros kaki* Thunb.

提 供 人：李永清
电　　话：13513222022
住　　址：河北省保定市阜平县林业局

调 查 人：李好先
电　　话：13903834781
单　　位：中国农业科学院郑州果树
　　　　　研究所

调查地点：河北省保定市阜平县夏庄
　　　　　镇楼房村

地理数据：GPS数据（海拔：515m，
　　　　　经度：E114°04′28.0″，纬度：N38°49′20.6″）

样本类型：种子、果实、叶、枝条

生境信息

来源于当地，小生境是山地，生于庭院平地，该地为耕地，土质为砂壤土，伴生物种为杨树、槐树，种植年限140年。

植物学信息

1. 植株情况

乔木，繁殖方法为实生；无定形，树高10m，十高25m，干周160cm；生长势中等。

2. 植物学特征

嫩梢茸毛密度中等，梢尖茸毛黄绿色；嫩梢黄绿色，成熟枝条黄褐色；叶柄长10mm；成龄叶长10cm，宽4cm，叶片椭圆形，叶色深绿有光泽；成龄叶全缘，叶缘光滑微曲；叶面微波，叶尖渐尖，叶基部楔形；叶下表面叶脉间匍匐茸毛密，叶脉间直立茸毛密。

花雌雄异株或杂性，雄花聚伞花序，生于当年生枝下部，腋生，单生，每花序有花4~5朵，有时更多，或中央1朵为雌花，且能发育成果；雄花花萼4裂，裂片卵状三角形；花冠壶形，花冠管4裂，裂片旋转排列，近半圆形；退化子房微小，密生长茸毛；雌花单生叶腋，花萼钟形，4裂，深裂至中裂，裂片宽卵形或近半圆形，先端骤短渐尖，两侧向背面反曲；花冠壶形或近钟形，外面在棱上疏生长茸毛，内面无毛，4深裂，裂片旋转排列，宽卵形或近圆形，先端向后反曲。

3. 果实性状

果实扁球形，略呈4棱；果实纵径7cm，横径约8cm；果实嫩时绿色，成熟时暗黄色；果柄粗短，长8~10mm，直径约4mm；有种子3~8颗不等；种子近长圆形，长约2.5cm，宽约1.6cm。

4. 生物学习性

平均每个结果枝有8个果，结实率为50%；萌芽期5月中旬，始花期6月上旬，果实始熟期10月中旬，果实成熟期10月下旬。

品种评价

产量不稳定，大小年现象显著，果实为涩柿；对寒、旱、涝、瘠、盐、风、日灼等恶劣环境有较强抵抗能力。

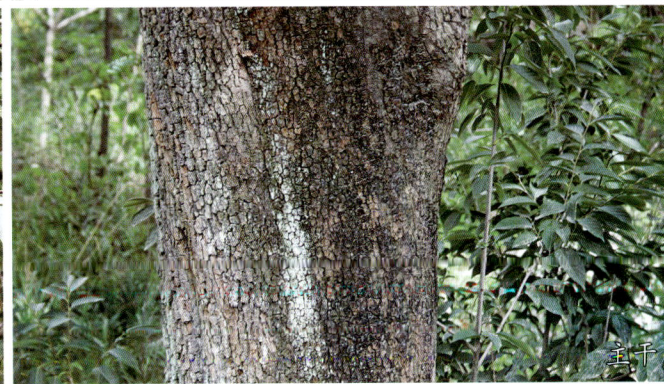

生境

植株

叶片

枝叶

主干

楼房柿 2 号

Diospyros kaki Thunb. 'Loufangshi 2'

调查编号：CAOSYLYQ027

所属树种：柿 *Diospyros kaki* Thunb.

提 供 人：李永清
电　　话：13513222022
住　　址：河北省保定市阜平县林业局

调 查 人：李好先
电　　话：13903834781
单　　位：中国农业科学院郑州果树研究所

调查地点：河北省保定市阜平县夏庄镇楼房村

地理数据：GPS数据（海拔：527m，经度：E114°04′27.5″，纬度：N38°49′20.5″）

样本类型：种子、果实、叶、枝条

生境信息

来源于当地，小生境是山地，生于庭院平地，该地为耕地，土质为砂壤土，伴生物种为杨树、槐树，种植年限100年。

植物学信息

1. 植株情况

乔木，繁殖方法为嫁接，砧木为君迁子；无定形，单干，干周160cm；生长势中等。

2. 植物学特征

嫩梢茸毛密度中等，梢尖茸毛黄绿色；嫩梢黄绿色，成熟枝条黄褐色；叶柄长10mm；成龄叶长14cm，宽7cm，叶片椭圆形，叶色深绿有光泽；成龄叶全缘，叶缘光滑微曲；叶面微波，叶尖渐尖，叶基部楔形；叶下表面叶脉间匍匐茸毛密，叶脉间直立茸毛密。

花雌雄异株或杂性，雄花聚伞花序，生于当年生枝下部，腋生，单生，每花序有花4~5朵，有时更多，或中央1朵为雌花，且能发育成果；雄花花萼4裂，裂片卵状三角形；花冠壶形，花冠管4裂，裂片旋转排列，近半圆形；退化子房微小，密生长茸毛；雌花单生叶腋，花萼钟形，4裂，深裂至中裂，裂片宽卵形或近半圆形，先端骤短渐尖，两侧向背面反曲；花冠壶形或近钟形，外面在棱上疏生长茸毛，内面无毛，4深裂，裂片旋转排列，宽卵形或近圆形，先端向后反曲。

3. 果实性状

果实扁球形，略呈4棱；果实纵径4.5cm，横径约6.7cm；果实嫩时绿色，成熟时暗黄色；果柄粗短，长8~10mm，直径约4mm；有种子3~8颗不等；种子近长圆形，长约2.5cm，宽约1.6cm。

4. 生物学习性

平均每个结果枝有8个果，结实率为50%；萌芽期5月中旬，始花期6月上旬，果实始熟期10月中旬，果实成熟期10月下旬。

品种评价

产量不稳定，大小年现象显著，果实为涩柿；对寒、旱、涝、瘠、盐、风、日灼等恶劣环境有较强抵抗能力。

生境

植株

全干

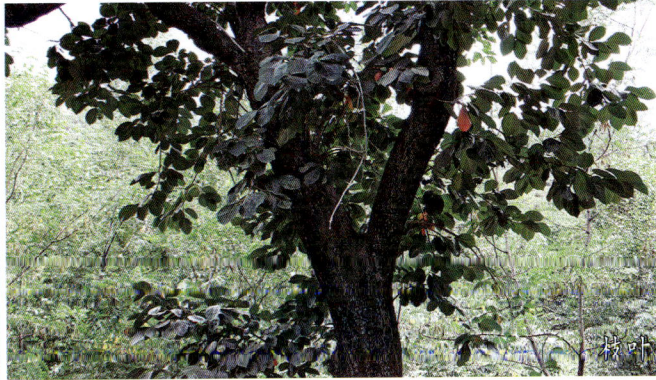

叶齿

枝叶

峪里牛心柿

Diospyros kaki Thunb. 'Yuliniuxinshi'

调查编号：CAOSYMGY005

所属树种：柿 *Diospyros kaki* Thunb.

提 供 人：梁小麦
电　　话：15038518997
住　　址：河南省洛阳市新安县石井镇王家沟七东组

调 查 人：马贯羊
电　　话：13608654028
单　　位：河南省洛阳市农林科学研究院

调查地点：河南省洛阳市新安镇石井镇王家沟七东组

地理数据：GPS数据（海拔：476m，经度：E111°57′37.1″，纬度：N35°02′35.70″）

样本类型：叶、枝条

生境信息

来源于当地，小生境是丘陵，生于田间平地，土质为砂壤土，伴生物种为泡桐，种植年限110年，现存50株，种植农户40户。

植物学信息

1. 植株情况

乔木，繁殖方法为嫁接，砧木为君迁子；单干，干周110cm；树势强。

2. 植物学特征

嫩梢茸毛密度中等，梢尖茸毛着色浅，成熟枝条暗褐色；成龄叶长12.5m，宽7cm，楔形，成龄叶全缘；幼叶绿色带有黄斑，叶下表面叶脉间匍匐茸毛密，叶脉间直立茸毛。

3. 果实性状

果实球形，略呈4棱，果顶尖；果实纵径7.1cm，横径约5.8cm；果实嫩时绿色，成熟时暗黄色；果柄粗短，长8～10mm，直径约4mm；有种子3～8颗不等；种子近长圆形，长约2.6cm，宽约1.7cm。

4. 生物学习性

产量高，平均株产200kg，最高株产225kg；萌芽期5月中旬，始花期6月上旬，果实始熟期10月中旬，果实成熟期10月下旬。

品种评价

高产，优质；有大小年现象；对寒、旱、涝、瘠、盐、风、日灼等恶劣环境有较强抵抗能力；主要病虫害为毛毛虫、刺蛾。

植株

果实

花

主干

王家沟火罐柿

Diospyros kaki Thunb.
'Wangjiagouhuoguanshi'

调查编号： CAOSYMGY006

所属树种： 柿 *Diospyros kaki* Thunb.

提 供 人： 梁小麦
电　　话： 15038518997
住　　址： 河南省洛阳市新安县石井
镇王家沟七东组

调 查 人： 马贯羊
电　　话： 13608654028
单　　位： 河南省洛阳市农林科学研
究院

调查地点： 河南省洛阳市新安镇石井
镇王家沟七东组

地理数据： GPS数据（海拔：469m，
经度：E111°57′31.0″，纬度：N35°02′37.3″）

样本类型： 叶、枝条

生境信息

来源于当地，小生境是丘陵，生于田间平地，土质为砂壤土，伴生物种为泡桐，种植年限150年，现存20株，种植农户1户。

植物学信息

1. 植株情况

乔木，繁殖方法为嫁接，砧木为君迁子；扇形，无架，干周130cm；树势强。

2. 植物学特征

嫩梢茸毛密度中等，梢尖茸毛着色浅，成熟枝条暗褐色；成龄叶长13cm，宽6.5cm，楔形，成龄叶全缘；幼叶绿色带有黄斑，叶下表面叶脉间匍匐茸毛密，叶脉间直立茸毛密。

3. 果实性状

果实心形，果顶尖；果实纵径4.2cm，横径约4.1cm；平均单果重45g；果实嫩时绿色，成熟时暗黄色，果皮厚度中等；果肉颜色中等，质地脆，汁液多，有青草香味；果柄粗短，长8~10mm，直径约4mm；无核。

4. 生物学习性

产量高，平均株产100kg；萌芽期3月下旬，始花期4月上旬，果实始熟期10月中旬，果实成熟期10月下旬。

品种评价

高产，优质；对寒、旱、涝、瘠、盐、风、日灼等恶劣环境有较强抵抗能力。

生境

植株

叶片

花

果实

鬼脸青

Diospyros kaki Thunb. 'Guilianqing'

- 调查编号： CAOSYMGY009

- 所属树种： 柿 *Diospyros kaki* Thunb.

- 提 供 人： 左建宾
  电　　话： 15824993726
  住　　址： 河南省洛阳市新安县石井镇元古洞村北关组

- 调 查 人： 马贯羊
  电　　话： 13608654028
  单　　位： 河南省洛阳市农林科学研究院

- 调查地点： 河南省洛阳市新安县石井镇元古洞村北关组

- 地理数据： GPS数据（海拔：535m，经度：E112°01'54.4"，纬度：N35°0'04.8"）

- 样本类型： 茎、叶、枝条

生境信息

来源于当地，小生境是丘陵，生于旷野坡度为70°的坡地，土质为砂壤土，伴生物种为柏树、泡桐、栎树，种植年限200年，现存4株，种植农户3户。

植物学信息

1. 植株情况

乔木，树姿直立，树形半圆形，树高8m，冠幅东西6m、南北5m，干高1.7m，干周120cm；树皮块裂状，枝条密度中等，无光泽，长度中等；粗度中等，平均粗0.3cm，皮目多、凸、近圆形；树势中。

2. 植物学特征

嫩梢茸毛密度中等，梢尖茸毛黄绿色；嫩梢黄绿色，成熟枝条黄褐色；叶柄长11mm；成龄叶长14cm，宽7cm，叶片椭圆形，叶色深绿有光泽；成龄叶全缘，叶缘光滑微曲；叶面微波，叶尖渐尖，叶基部楔形；叶下表面叶脉间无匍匐茸毛，叶脉间无直立茸毛。

花雌雄异株或杂性，雄花聚伞花序，生于当年生枝下部，腋生，单生，每花序有花4~5朵，有时更多，或中央1朵为雌花，且能发育成果；雄花花萼4裂，裂片卵状三角形；花冠壶形，花冠管4裂，裂片旋转排列，近半圆形；退化子房微小，密生长茸毛；雌花单生叶腋，花萼钟形，4裂，深裂至中裂，裂片宽卵形或近半圆形，先端骤短渐尖，两侧向背面反曲；花冠壶形或近钟形，外面在棱上疏生长茸毛，内面无毛，4深裂，裂片旋转排列，宽卵形或近圆形，先端向后反曲。

3. 果实性状

果实扁圆形，略呈4棱；果实纵径4.5cm，横径约5cm；果实嫩时绿色，成熟时暗黄色；果柄粗短，长8~10mm，直径约4mm；有种子3~8颗不等；种子近长圆形，长约1.8cm，宽约1.1cm。

4. 生物学习性

高产丰产；平均株产150kg；萌芽期4月中旬，始花期5月上旬，果实始熟期10月中旬，果实成熟期10月下旬，落叶期10月下旬。

品种评价

产量高，生理落果少，大小年现象不显著；对寒、旱、涝、瘠、盐、风、日灼等恶劣环境有较强抵抗能力。

生境

植株

花

叶

门钉柿

Diospyros kaki Thunb. 'Mendingshi'

- 调查编号：CAOSYMGY010
- 所属树种：柿 *Diospyros kaki* Thunb.
- 提 供 人：左建宾
  电　　话：15824993726
  住　　址：河南省洛阳市新安县石井镇元古洞村北关组
- 调 查 人：马贯羊
  电　　话：13608654028
  单　　位：河南省洛阳市农林科学研究院
- 调查地点：河南省洛阳市新安县石井镇元古洞村北关组
- 地理数据：GPS数据（海拔：556m，经度：E112°01'52.4"，纬度：N35°00'05.1"）
- 样本类型：叶、枝条

生境信息

来源于当地，小生境是丘陵，生于旷野坡地，土质为砂土，伴生物种为椿树，种植年限120年，现存12株，种植农户3户。

植物学信息

1. 植株情况

乔木，树势中等；树姿直立，树形半圆形，干高1.5m，干周113cm；主干褐色，树皮块裂状。

2. 植物学特征

无嫩梢茸毛，梢尖茸毛黄绿色；嫩梢黄绿色，成熟枝条黄褐色；叶柄长11mm；成龄叶长11cm，宽5.5cm，叶片长椭圆形，绿色，有光泽；成龄叶全缘，叶缘光滑微曲；叶面微波，叶尖渐尖，叶基部楔形；叶下表面叶脉间无匍匐茸毛，叶脉间无直立茸毛。

花雌雄异株或杂性，雄花聚伞花序，生于当年生枝下部，腋生，单生，每花序有花4~5朵，有时更多，或中央1朵为雌花，且能发育成果；雄花花萼4裂，裂片卵状三角形；花冠壶形，花冠管4裂，裂片旋转排列，近半圆形；退化子房微小，密生长茸毛；雌花单生叶腋，花萼钟形，4裂，深裂至中裂，裂片宽卵形或近半圆形，先端骤短渐尖，两侧向背面反曲；花冠壶形或近钟形，外面在棱上疏生长茸毛，内面无毛，4深裂，裂片旋转排列，宽卵形或近圆形，先端向后反曲。

3. 果实性状

果实扁球形，略呈4棱；果实纵径4.5cm，横径约7cm；果实嫩时绿色，成熟时暗黄色；果柄粗短，长8~10mm，直径约4mm；有种子3~8颗不等；种子近长圆形，长约2.9cm，宽约1.5cm。

4. 生物学习性

高产丰产；平均单株产150kg；萌芽期4月中旬，始花期5月上旬，果实始熟期10月中旬，果实成熟期10月下旬。

品种评价

产量高，生理落果少，大小年现象不显著；对寒、旱、涝、瘠、盐、风、日灼等恶劣环境有较强抵抗能力。

生境

植株

叶片

花

果实

水盘盘柿

Diospyros kaki Thunb. 'Shuipanpanshi'

调查编号：CAOSYMGY016

所属树种：柿 *Diospyros kaki* Thunb.

提 供 人：左建宾
电　　话：15824993726
住　　址：河南省洛阳市新安县石井镇元古洞村北关组

调 查 人：马贯羊
电　　话：13608654028
单　　位：河南省洛阳市农林科学研究院

调查地点：河南省洛阳市新安县石井镇元古洞村北关组

地理数据：GPS数据（海拔：534m，经度：E112°054.47"，纬度：N35°022.14"）

样本类型：叶、枝条

生境信息

来源于当地，小生境是山地，生于田间平地，土质为砂壤土，伴生物种为柏树、泡桐，种植年限150年，现存1株，种植农户1户。

植物学信息

1. 植株情况

乔木，繁殖方法为实生，树势强；扇形，无架，干周130cm。

2. 植物学特征

嫩梢茸毛密度中等，梢尖茸毛黄绿色；嫩梢黄绿色，成熟枝条暗褐色；节间长度约22mm；叶柄长16mm；成龄叶长11.5cm，宽7cm，叶片肾形，叶色深绿有光泽；成龄叶全缘，叶缘光滑微曲；叶面微波，叶尖渐尖，叶基部楔形；叶下表面叶脉间无匍匐茸毛，叶脉间无直立茸毛。

花雌雄异株或杂性，雄花聚伞花序，生于当年生枝下部，腋生，单生，每花序有花4~5朵，有时更多，或中央1朵为雌花，且能发育成果；雄花花萼4裂，裂片卵状三角形；花冠壶形，花冠管4裂，裂片旋转排列，近半圆形；退化子房微小，密生长茸毛；雌花单生叶腋，花萼钟形，4裂，深裂至中裂，裂片宽卵形或近半圆形，先端骤短渐尖，两侧向背面反曲；花冠壶形或近钟形，外面在棱上疏生长茸毛，内面无毛，4深裂，裂片旋转排列，宽卵形或近圆形，先端向后反曲。

3. 果实性状

果实扁圆形，略呈4棱，果顶略尖；果实纵径4.3cm，横径约6.2cm；果实嫩时绿色，成熟时暗红色；果皮薄；果肉颜色深，质地较软，汁液量中等，有青草香味；果柄粗短，长8~10mm，直径约4mm。

4. 生物学习性

高产，平均株产150kg，最大株产200kg；萌芽期4月中旬，始花期5月上旬，果实始熟期11月上旬，果实成熟期11月中旬；果实在树上即能脱涩。

品种评价

产量高；对寒、旱、涝、瘠、盐、风、日灼等恶劣环境有较强抵抗能力；果实特甜，口感面，品质优良，为优良实生优系。

生境

植株

叶片

花

果实

大河道柿

Diospyros kaki Thunb. 'Dahedaoshi'

调查编号： CAOSYYHZ008

所属树种： 柿 *Diospyros kaki* Thunb.

提 供 人： 于海忠
电　　话： 13363833262
住　　址： 河北省石家庄市赞皇县林业
　　　　　旅游局

调 查 人： 李好先
电　　话： 13903834781
单　　位： 中国农业科学院郑州果树
　　　　　研究所

调查地点： 河北省石家庄市阳泽乡大
　　　　　河道村二队

地理数据： GPS数据（海拔：174m，
　　　　　经度：E114°18'54.2"，纬度：N37°35'54.5"）

样本类型： 种子、果实、叶、枝条

生境信息

来源于当地，小生境是山地，生于庭院；土质为黏壤土，伴生物种为杨树、槐树，种植年限150年；生长势中等。

植物学信息

1. 植株情况

乔木，树势弱，无定形，干周110cm；树皮块状皱裂。

2. 植物学特征

嫩梢茸毛密度中等，梢尖茸毛黄绿色；嫩梢黄绿色，成熟枝条暗褐色；节间长度约28mm；叶柄长11mm；成龄叶长15cm，宽10cm，叶片卵圆形，叶色深绿有光泽；成龄叶全缘，叶缘光滑微曲；叶面微波，叶尖渐尖，叶基部钝圆形；叶下表面叶脉间无匍匐茸毛，叶脉间无直立茸毛。

花雌雄异株或杂性，雄花聚伞花序，生于当年生枝下部，腋生，单生，每花序有花4~5朵，有时更多，或中央1朵为雌花，且能发育成果；雄花花萼4裂，裂片卵状三角形；花冠壶形，花冠管4裂，裂片旋转排列，近半圆形；退化子房微小，密生长茸毛；雌花单生叶腋，花萼钟形，4裂，深裂至中裂，裂片宽卵形或近半圆形，先端骤短渐尖，两侧向背面反曲；花冠壶形或近钟形，外面在棱上疏生长茸毛，内面无毛，4深裂，裂片旋转排列，宽卵形或近圆形，先端向后反曲。

3. 果实性状

果实扁圆，略呈4棱，果顶略尖，果实底部微有缢痕；果实纵径4.5cm，横径约8cm；果实嫩时绿色，成熟时暗黄色；果柄粗短，长9mm，直径约4mm；有种子3~8颗不等；种子近长圆形，长约2.5cm，宽约1.6cm。

4. 生物学习性

平均株产40kg，最大株产60kg；开始结果树龄为8年，全树成熟期一致，成熟期轻微落果；萌芽期4月中旬，始花期6月上旬，果实始熟期10月中旬，果实成熟期10月下旬。

品种评价

产量中等，成熟期落果；果实为涩柿，果实可食用，品质中；对寒、旱、涝、瘠、盐、风、日灼等恶劣环境有较强抵抗能力。

叶片

植株

幼叶

主干

花

赵家庄柿

Diospyros kaki Thunb. 'Zhaojiazhuangshi'

调查编号：CAOSYYHZ012

所属树种：柿 *Diospyros kaki* Thunb.

提 供 人：于海忠
电　　话：13363833262
住　　址：河北省石家庄市赞皇县林业旅游局

调 查 人：李好先
电　　话：13903834781
单　　位：中国农业科学院郑州果树研究所

调查地点：河北省石家庄市赞皇县院头镇赵家庄村

地理数据：GPS数据（海拔：139m，经度：E114°20'59.8"，纬度：N37°32'26.5"）

样本类型：种子、果实、叶、枝条

生境信息

来源于当地，小生境是山地，生于田间；土质为壤土，伴生物种为梧桐树，种植年限100年以上。

植物学信息

1. 植株情况

乔木，繁殖方法为嫁接，龙干形，单干树皮块状皱裂，干周170cm；树势强。

2. 植物学特征

无嫩梢茸毛；嫩梢黄绿色，成熟枝条暗褐色；节间长度约28mm；叶柄长10mm；成龄叶长9cm，宽4cm，叶片椭圆形，叶色深绿有光泽；成龄叶全缘，叶缘光滑微曲；叶面微波，叶尖渐尖，叶基部楔形；叶下表面叶脉间无匍匐茸毛，叶脉间无直立茸毛。

花雌雄异株或杂性，雄花聚伞花序，生于当年生枝下部，腋生，单生，每花序有花4～5朵，有时更多，或中央1朵为雌花，且能发育成果；雄花花萼4裂，裂片卵状三角形；花冠壶形，花冠管4裂，裂片旋转排列，近半圆形；退化子房微小，密生长茸毛；雌花单生叶腋，花萼钟形，4裂，深裂至中裂，裂片宽卵形或近半圆形，先端骤短渐尖，两侧向背面反曲；花冠壶形或近钟形，外面在棱上疏生长茸毛，内面无毛，4深裂，裂片旋转排列，宽卵形或近圆形，先端向后反曲。

3. 果实性状

果实近圆形，略呈4棱4凹，果顶平；果实底部有缢痕；果实纵径7cm，横径约8cm；果实嫩时绿色，成熟时暗黄色；果柄粗短，长8～10mm，直径约4mm；有种子3～8颗不等；种子近长圆形，长约2.5cm，宽约1.6cm。

4. 生物学习性

开始结果年龄为5年；高产，单株平均40kg，单株最高100kg；萌芽始期4月中旬，始花期6月上旬，果实始熟期10月中旬，果实成熟期10月下旬。

品种评价

生长势强；全树成熟期一致，成熟期轻微落果；果实为涩柿；可食用；对寒、旱、涝、瘠、盐、风、日灼等恶劣环境有较强抵抗能力。

植株

花

果实

叶片

主干

胡家庵柿

Diospyros kaki Thunb. 'Hujiaanshi'

调查编号：CAOSYYHZ014

所属树种：柿 *Diospyros kaki* Thunb.

提 供 人：于海忠
电　　话：13363833262
住　　址：河北省石家庄市赞皇县林业旅游局

调 查 人：李好先
电　　话：13903834781
单　　位：中国农业科学院郑州果树研究所

调查地点：河北省石家庄市赞皇县院头镇胡家庵村

地理数据：GPS数据（海拔：231m，经度：E114°15′41.2″，纬度：N37°33′33.6″）

样本类型：种子、果实、叶、枝条

生境信息

来源于当地，小生境是山地，生于田间平地，土质为壤土，伴生物种为杨树，种植年限100年。

植物学信息

1. 植株情况

乔木，繁殖方法为嫁接，不埋土露地越冬；单干树皮块状皲裂，干周232cm；树势强。

2. 植物学特征

嫩梢茸毛密度密，梢尖茸毛黄绿色，成熟枝条黄褐色；叶柄长11mm；成龄叶长7cm，宽3cm，叶片椭圆形，叶色深绿有光泽；成龄叶全缘，叶缘光滑微曲；叶面微波，叶尖渐尖，叶基部楔形；叶下表面叶脉间无匍匐茸毛，叶脉间无直立茸毛。

花雌雄异株或杂性，雄花聚伞花序，生于当年生枝下部，腋生，单生，每花序有花4～5朵，有时更多，或中央1朵为雌花，且能发育成果；雄花花萼4裂，裂片卵状三角形；花冠壶形，花冠管4裂，裂片旋转排列，近半圆形；退化子房微小，密生长茸毛；雌花单生叶腋，花萼钟形，4裂，深裂至中裂，裂片宽卵形或近半圆形，先端骤短渐尖，两侧向背面反曲；花冠壶形或近钟形，外面在棱上疏生长茸毛，内面无毛，4深裂，裂片旋转排列，宽卵形或近圆形，先端向后反曲。

3. 果实性状

果实扁球形，略呈4棱；果实纵径4.5～7cm，横径约5～8cm；果实嫩时绿色，成熟时暗黄色；果柄粗短，长9mm，直径约4mm；有种子8颗不等；种子近长圆形，长约2.5cm，宽约1.6cm。

4. 生物学习性

开始结果年龄为5年，副梢结实力中等；全树成熟期一致；高产，单株平均产量250kg；萌芽期5月中旬，始花期6月上旬，果实始熟期10月中旬，果实成熟期10月下旬。

品种评价

产量高，果实为涩柿；对寒、旱、涝、瘠、盐、风、日灼等恶劣环境有较强抵抗能力。

植株

叶片

主干

花

枝叶

老师会柿

Diospyros kaki Thunb. 'Laoshihuishi'

调查编号： CAOSYYHZ015

所属树种： 柿 *Diospyros kaki* Thunb.

提 供 人： 于海忠
电　　话： 13363833262
住　　址： 河北省石家庄市赞皇县林业旅游局

调 查 人： 李好先
电　　话： 13903834781
单　　位： 中国农业科学院郑州果树研究所

调查地点： 河北省石家庄市赞皇县院头镇老师会村

地理数据： GPS数据（海拔：250m，经度：E114°14'49.0"，纬度：N37°33'40.4"）

样本类型： 种子、果实、叶、枝条

生境信息

来源于当地，小生境是山地，生于田间平地，土质为砂壤土，伴生物种为桐树，种植年限200年以上，现存2株。

植物学信息

1. 植株情况

乔木，繁殖方法为嫁接，砧木为金钱子；不埋土露地越冬，树皮块状皲裂，干周220cm；树势中等。

2. 植物学特征

嫩梢茸毛密，梢尖茸毛黄绿色；嫩梢黄绿色，成熟枝条黄褐色；节间长度约28mm；叶柄长9mm；成龄叶长8cm，宽4cm，叶片长椭圆形，叶色深绿有光泽；成龄叶全缘，叶缘光滑微曲；叶面微波，叶尖渐尖，叶基部楔形；叶下表面叶脉间无匍匐茸毛，叶脉间无直立茸毛。

花雌雄异株或杂性，雄花聚伞花序，生于当年生枝下部，腋生，单生，每花序有花4～5朵，有时更多，或中央1朵为雌花，且能发育成果；雄花花萼4裂，裂片卵状三角形；花冠壶形，花冠管4裂，裂片旋转排列，近半圆形；退化子房微小，密生长茸毛；雌花单生叶腋，花萼钟形，4裂，深裂至中裂，裂片宽卵形或近半圆形，先端骤短渐尖，两侧向背面反曲；花冠壶形或近钟形，外面在棱上疏生长茸毛，内面无毛，4深裂，裂片旋转排列，宽卵形或近圆形，先端向后反曲。

3. 果实性状

果实扁圆形，果顶略尖；果实纵径4.5cm，横径约8cm；果实嫩时绿色，成熟时暗黄色；果柄粗短，长9mm，直径约4mm；有种子8颗不等；种子近长圆形，长约2.5cm，宽约1.6cm。

4. 生物学习性

开始结果年龄为5年，副梢结实弱；全树成熟期一致，成熟期落果严重；高产，单株平均产量250kg；萌芽期5月中旬，始花期6月上旬，果实始熟期10月中旬，果实成熟期10月下旬。

品种评价

高产，成熟期落果严重；果实可食用；对寒、旱、涝、瘠、盐、风、日灼等恶劣环境有较强抵抗能力。

植株

叶片

主干

花

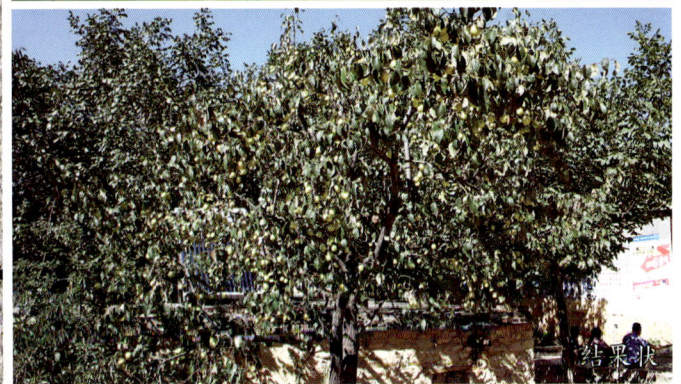

生长状

三六沟柿

Diospyros kaki Thunb. 'Sanliugoushi'

調查编号： CAOSYYHZ018

所属树种： 柿 *Diospyros kaki* Thunb.

提 供 人： 于海忠
电　　话： 13363833262
住　　址： 河北省石家庄市赞皇县林业
旅游局

调 查 人： 李好先
电　　话： 13903834781
单　　位： 中国农业科学院郑州果树
研究所

调查地点： 河北省石家庄市赞皇县嶂
石岩镇三六沟村二队

地理数据： GPS数据（海拔：443m，
经度：E114°0751.8″，纬度：N37°3242.0″）

样本类型： 叶、枝条

生境信息

来源于当地，小生境是山地，生于田间平地，土质为砂壤土，伴生物种为桐树，种植年限200年以上，现存2株。

植物学信息

1. 植株情况

乔木，繁殖方法为嫁接，砧木为金钱子；不坪土露地越冬，干周220cm；树势中等。

2. 植物学特征

嫩梢茸毛密，梢尖茸毛黄绿色；嫩梢黄绿色，成熟枝条黄褐色；节间长度约28mm；叶柄长9mm；成龄叶长13cm，宽5cm，叶片长椭圆形，叶色深绿有光泽；成龄叶全缘，叶缘光滑微曲；叶面微波，叶尖渐尖，叶基部楔形；叶下表面叶脉间无匍匐茸毛，叶脉间无直立茸毛。

花雌雄异株或杂性，雄花聚伞花序，生于当年生枝下部，腋生，单生，每花序有花4～5朵，有时更多，或中央1朵为雌花，且能发育成果；雄花花萼4裂，裂片卵状三角形；花冠壶形，花冠管4裂，裂片旋转排列，近半圆形；退化子房微小，密生长茸毛；雌花单生叶腋，花萼钟形，4裂，深裂至中裂，裂片宽卵形或近半圆形，先端骤短渐尖，两侧向背面反曲；花冠壶形或近钟形，外面在棱上疏生长茸毛，内面无毛，4深裂，裂片旋转排列，宽卵形或近圆形，先端向后反曲。

3. 果实性状

果实近圆或圆形，略呈4棱；果实纵径4～8cm，横径约8cm；果实嫩时绿色，成熟时暗黄色；果柄粗短，长9mm，直径约6mm；有种子8颗不等；种子近长圆形，长约2.5cm，宽约1.6cm。

4. 生物学习性

开始结果年龄为5年，副梢结实弱；全树成熟期一致，成熟期落果严重，高产；单株平均产量200kg；萌芽期4月上旬，始花期5月中旬，果实始熟期10月上旬，果实成熟期10月下旬。

品种评价

产量高，成熟期落果严重；果实品质优；对寒、旱、涝、瘠、盐、风、日灼等恶劣环境有较强抵抗能力；适应性广；抗病，主要病虫害有虱白疥、角纹病。

植株

幼叶

叶片

郝堂小云柿

Diospyros kaki Thunb. 'Haotangxiaoyunshi'

调查编号： FANHWCYC015

所属树种： 柿 *Diospyros kaki* Thunb.

提 供 人： 曹宜成
电　　话： 13837636655
住　　址： 河南省信阳市平桥区林业
科学研究所

调 查 人： 范宏伟
电　　话： 13837639363
单　　位： 河南省信阳农林学院

调查地点： 河南省信阳市平桥区五里
店街道郝堂村曹家湾

地理数据： GPS数据（海拔：124m，
经度：E114°12′03.9″，纬度：N32°02′37.2″）

样本类型： 叶、枝条

生境信息

来源于当地，小生境是丘陵，生于田间平地，该地为耕地，土质为黏壤土，伴生物种为木瓜，种植年限120年，现存100株，种植面积6.67hm²，种植农户10户。

植物学信息

1. 植株情况

乔木，繁殖方法为嫁接，砧木为君迁子；无定形，无架，不埋土露地越冬，干周150cm；树势弱。

2. 植物学特征

嫩梢茸毛密，梢尖茸毛黄绿色；嫩梢黄绿色，成熟枝条黄褐色；节间长度约28mm；叶柄长11mm；成龄叶长18cm，宽10cm，叶片长椭圆形，叶色深绿有光泽；成龄叶全缘，叶缘光滑微曲；叶面微波，叶尖渐尖，叶基部钝圆；叶下表面叶脉间无匍匐茸毛，叶脉间无直立茸毛。

花雌雄异株或杂性，雄花聚伞花序，生于当年生枝下部，腋生，单生，每花序有花4~5朵，有时更多，或中央1朵为雌花，且能发育成果；雄花花萼4裂，裂片卵状三角形；花冠壶形，花冠管4裂，裂片旋转排列，近半圆形；退化子房微小，密生长茸毛；雌花单生叶腋，花萼钟形，4裂，深裂至中裂，裂片宽卵形或近半圆形，先端骤短渐尖，两侧向背面反曲；花冠壶形或近钟形，外面在棱上疏生长茸毛，内面无毛，4深裂，裂片旋转排列，宽卵形或近圆形，先端向后反曲。

3. 果实性状

果实扁圆形，呈4棱4凹；果实纵径4.4cm，横径约6.9cm；平均单果重140g；果实嫩时绿色，成熟时暗黄色；果皮薄，果肉颜色深，果肉质地较软；果柄粗短，长8~10mm，直径约4mm；有种子3~8颗不等；种子近长圆形，长约2.5cm，宽约1.6cm。

4. 生物学习性

开始结果年龄3年生；结实率高，结果密集；高产，单株最高产150kg；萌芽始期3月下旬，始花期5月中旬，果实始熟期9月中旬，果实成熟期9月下旬。

品种评价

产量高，果实品质上；抗病，对寒、旱、涝、瘠、盐、风、日灼等恶劣环境有较强抵抗能力。

植株

果实

主干

花

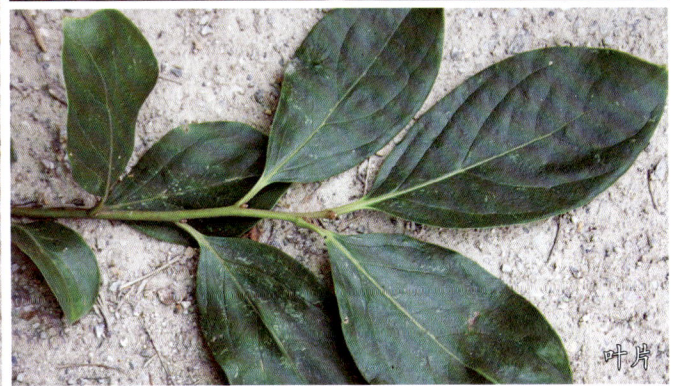

叶片

夏家冲丰柿

Diospyros kaki Thunb. 'Xiajiachongfengshi'

调查编号： FANHWLM003

所属树种： 柿 *Diospyros kaki* Thunb.

提 供 人： 刘猛
电　　话： 15939739918
住　　址： 河南省信阳市浉河区浉河
港镇夏家冲村

调 查 人： 范宏伟
电　　话： 13837639363
单　　位： 河南省信阳农林学院

调查地点： 河南省信阳市浉河区浉河
港镇夏家冲村

地理数据： GPS数据（海拔：118m，
经度：E113°53'58.4"，纬度：N32°03'18.0"）

样本类型： 叶、枝条

生境信息

来源于当地，小生境是丘陵，生于旷野坡度为60°的坡地，该地为耕地，土质为黏壤土，伴生物种为茶树，种植年限35年，现存10000株，种植面积133hm²，种植农户200户。

植物学信息

1. 植株情况

乔木，繁殖方法为嫁接，砧木为君迁子；扇形，无架，不埋土露地越冬；单干树皮块状皱裂，干高2.3m，干周85cm；树势强。

2. 植物学特征

嫩梢茸毛密，梢尖茸毛黄绿色；嫩梢黄绿色，成熟枝条黄褐色；节间长度约28mm；叶柄长11mm；成龄叶长14cm，宽7cm，叶片长椭圆形，叶色深绿有光泽；成龄叶全缘，叶缘光滑微曲；叶面微波，叶尖渐尖，叶基部钝圆；叶下表面叶脉间无匍匐茸毛，叶脉间无直立茸毛。

花雌雄异株或杂性，雄花聚伞花序，生于当年生枝下部，腋生，单生，每花序有花4~5朵，有时更多，或中央1朵为雌花，且能发育成果；雄花花萼4裂，裂片卵状三角形；花冠壶形，花冠管4裂，裂片旋转排列，近半圆形；退化子房微小，密生长茸毛；雌花单生叶腋，花萼钟形，4裂，深裂至中裂，裂片宽卵形或近半圆形，先端骤短渐尖，两侧向背面反曲；花冠壶形或近钟形，外面在棱上疏生长茸毛，内面无毛，4深裂，裂片旋转排列，宽卵形或近圆形，先端向后反曲。

3. 果实性状

果实扁圆形，呈4棱4凹；果实纵径5cm，横径约7cm；果实嫩时绿色，成熟时暗黄色；果柄粗短，长8~10mm，直径约4mm；有种子3~8颗不等；种子近长圆形，长约2.5cm，宽约1.6cm。

4. 生物学习性

开始结果年龄3年生，每结果枝上平均3个果实，结果枝率为50%；副梢结实力强；全树成熟期一致，成熟期落果严重；高产，单株平均75kg，单株最高105kg；萌芽始期3月中旬，始花期5月中旬，果实始熟期10月中旬，果实成熟期10月下旬。

品种评价

高产；抗病；对寒、旱、涝、瘠、盐、风、日灼等恶劣环境有较强抵抗能力；果实品质优，耐储藏。

植株

主干

结果状

枝叶

老河口牛心柿

Diospyros kaki Thunb. 'Laohekouniuxinshi'

调查编号： LUOZRZQL006

所属树种： 柿 *Diospyros kaki* Thunb.

提供人： 赵生涛
电　话：13986350751
住　址：湖北省老河口市北京路

调查人： 罗正荣、张青林
电　话：13907134053
单　位：华中农业大学

调查地点： 湖北省老河口市北京路

地理数据： GPS数据（海拔：457m，
经度：E111°40'28"，纬度：N32°23'23"）

样本类型： 枝，叶

生境信息

来源于当地，生于路旁，土壤质地为壤土。

植物学信息

1. 植株情况

落叶乔木，高达14m，胸径达40cm，树干通直；树皮深灰色或灰褐色，成薄片状剥落，露出白色的内皮；树冠阔卵形或半球形，枝叶中等疏密至略疏，约在树高一半处分枝；生长势强。

2. 植物学特征

叶柄长10mm；成龄叶长14cm，宽7cm，叶片长椭圆形，叶色深绿有光泽；成龄叶全缘，叶缘光滑微曲；叶面微波，叶尖渐尖，叶基部楔形；叶下表面叶脉间无匍匐茸毛，叶脉间无直立茸毛。

花雌雄异株或杂性，雄花聚伞花序，生于当年生枝下部，腋生，单生，每花序有花4～5朵，有时更多，或中央1朵为雌花，且能发育成果；雄花花萼4裂，裂片卵状三角形；花冠壶形，花冠管4裂，裂片旋转排列，近半圆形；退化子房微小，密生长茸毛；雌花单生叶腋，花萼钟形，4裂，深裂至中裂，裂片宽卵形或近半圆形，先端骤短渐尖，两侧向背面反曲；花冠壶形或近钟形，外面在棱上疏生长茸毛，内面无毛，4深裂，裂片旋转排列，宽卵形或近圆形，先端向后反曲。

3. 果实性状

果实卵圆形，果实底部有缢痕；果实纵径7cm，横径约5cm；果实嫩时绿色，成熟时黄色；果柄粗短，长8～10mm，直径约4mm；有种子3～8颗不等；种子近长圆形，长约2.5cm，宽约1.6cm。

4. 生物学习性

萌芽期4月中旬，始花期5月上旬，果实始熟期9月中旬，果实成熟期9月下旬。

品种评价

高产，优质；抗病，耐储藏；对寒、旱、涝、瘠、盐、风、日灼等恶劣环境有较强抵抗能力。

叶片

枝叶

花

植株

果实

结果状

苏家河磨盘柿 1号

Diospyros kaki Thunb. 'Sujiahemopanshi 1'

调查编号： LUOZRZQL007

所属树种： 柿 *Diospyros kaki* Thunb.

提供人： 李明国
电　　话： 15392772856
住　　址： 湖北省老河口市洪山嘴镇
苏家河村三春合作社

调查人： 罗正荣、张青林
电　　话： 13907134053
单　　位： 华中农业大学

调查地点： 湖北省老河口市洪山嘴镇
苏家河村三春合作社

地理数据： GPS数据（海拔：160m，
经度：E111°36'55"，纬度：N32°27'46"）

样本类型： 枝条、叶片

生境信息

来源于当地，生于路旁，土壤质地为壤土。

植物学信息

1. 植株情况

落叶乔木，15年树龄；高达14m，胸径达40cm，树干通直；树皮深灰色或灰褐色，成薄片状剥落，露出白色的内皮；树冠阔卵形或半球形，枝叶中等疏密至略疏，约在树高一半处分枝；生长势强。

2. 植物学特征

嫩梢茸毛密度中等，梢尖茸毛黄绿色；嫩梢黄绿色，成熟枝条黄褐色；节间长度约28mm；叶柄长11mm；成龄叶长14cm，宽7cm，叶片长椭圆形，叶色深绿有光泽；成龄叶全缘，叶缘光滑微曲；叶面微波，叶尖渐尖，叶基部楔形；叶下表面叶脉间无匍匐茸毛，叶脉间无直立茸毛。

花雌雄异株或杂性，雄花聚伞花序，生于当年生枝下部，腋生，单生，每花序有花4～5朵，有时更多，或中央1朵为雌花，且能发育成果；雄花花萼4裂，裂片卵状三角形；花冠壶形，花冠管4裂，裂片旋转排列，近半圆形；退化子房微小，密生长茸毛；雌花单生叶腋，花萼钟形，4裂，深裂至中裂，裂片宽卵形或近半圆形，先端骤短渐尖，两侧向背面反曲；花冠壶形或近钟形，外面在棱上疏生长茸毛，内面无毛，4深裂，裂片旋转排列，宽卵形或近圆形，先端向后反曲。

3. 果实性状

果实扁圆形，呈4棱4凹，果实有果盖，果顶尖；果实纵径6cm，横径约8cm；果实嫩时绿色，成熟时黄色；果柄粗短，长8～10mm，直径约4mm；有种子3～8颗不等；种子近长圆形，长约2.5cm，宽约1.6cm。

4. 生物学习性

萌芽期4月中旬，始花期5月上旬，果实始熟期9月下旬，果实成熟期10月中旬。

品种评价

产量高；不抗病；对寒、旱、涝、瘠、盐、风、日灼等恶劣环境有较强抵抗能力。

植株

花

枝叶

果实

苏家河牛心柿 1号

Diospyros kaki Thunb. 'Sujiaheniuxinshi 1'

调查编号： LUOZRZQL008

所属树种： 柿 *Diospyros kaki* Thunb.

提 供 人： 李明国
电　　话： 15392772856
住　　址： 湖北省老河口市洪山嘴镇
苏家河村三春合作社

调 查 人： 罗正荣、张青林
电　　话： 13907134053
单　　位： 华中农业大学

调查地点： 湖北省老河口市洪山嘴镇
苏家河村三春合作社

地理数据： GPS数据（海拔：160m，
经度：E111°3751.2"，纬度：N32°2753.8"）

样本类型： 果实、枝条、叶

生境信息

来源于当地，土壤质地为黏壤土。

植物学信息

1. 植株情况

落叶乔木，高达14m，胸径达40cm，树干通直；树皮深灰色或灰褐色，成薄片状剥落，露出白色的内皮；树冠阔卵形或半球形，枝叶中等疏密至略疏，约在树高一半处分枝；生长势强。

2. 植物学特征

嫩梢茸毛密度中等，梢尖茸毛黄绿色；嫩梢黄绿色，成熟枝条黄褐色；节间长度约28mm；叶柄长6～10mm；成龄叶长14cm，宽7cm，叶片长椭圆形，叶色深绿有光泽；成龄叶全缘，叶缘光滑微曲；叶面微波，叶尖渐尖，叶基部契形；叶下表面叶脉间无匍匐茸毛，叶脉间无直立茸毛。

花雌雄异株或杂性，雄花聚伞花序，生于当年生枝下部，腋生，单生，每花序有花4～5朵，有时更多，或中央1朵为雌花，且能发育成果；雄花花萼4裂，裂片卵状三角形；花冠壶形，花冠管4裂，裂片旋转排列，近半圆形；退化子房微小，密生长茸毛；雌花单生叶腋，花萼钟形，4裂，深裂至中裂，裂片宽卵形或近半圆形，先端骤短渐尖，两侧向背面反曲；花冠壶形或近钟形，外面在棱上疏生长茸毛，内面无毛，4深裂，裂片旋转排列，宽卵形或近圆形，先端向后反曲。

3. 果实性状

果实卵形，果实有缢痕，果顶尖；果实纵径6cm，横径约8cm；平均单果重200g；果实嫩时绿色，成熟时暗黄色；果柄粗短，长8～10mm，直径约4mm；种子退化。

4. 生物学习性

平均每个结果枝有3～4个果，最大株产100kg；萌芽期4月中旬，始花期5月上旬，果实始熟期9月中旬，果实成熟期10月下旬。

品种评价

产量高，果实为涩柿；对寒、旱、涝、瘠、盐、风、日灼等恶劣环境有较强抵抗能力。

植株

叶片

枝叶

花

结果状

苏家河牛心柿 2 号

Diospyros kaki Thunb. 'Sujiaheniuxinshi 2'

调查编号：LUOZRZQL010

所属树种：柿 *Diospyros kaki* Thunb.

提 供 人：李明国
电　　话：15392772856
住　　址：湖北省老河口市洪山嘴镇
　　　　　苏家河村三春合作社

调 查 人：罗正荣、张青林
电　　话：13907134053
单　　位：华中农业大学

调查地点：湖北省老河口市洪山嘴镇
　　　　　苏家河村三春合作社

地理数据：GPS数据（海拔：176m，
　　　　　经度：E111°37'9.18"，纬度：N32°27'40.38"）

样本类型：枝条、叶、果实

生境信息

来源于当地，土壤质地为黏壤土。

植物学信息

1. 植株情况

落叶乔木，高达11m，胸径达35cm，树干通直；树皮深灰色或灰褐色，成薄片状剥落，露出白色的内皮；树冠阔卵形或半球形，枝叶中等疏密至略疏，约在树高一半处分枝；生长势强。

2. 植物学特征

嫩梢茸毛密度中等，梢尖茸毛黄绿色；嫩梢黄绿色，成熟枝条黄褐色；节间长度约28mm；叶柄长6～10mm；成龄叶长14cm，宽7cm，叶片长椭圆形，叶色深绿，有光泽；成龄叶全缘，叶缘光滑微曲；叶面微波，叶尖渐尖，叶基部楔形；叶下表面叶脉间无匍匐茸毛，叶脉间无直立茸毛。

花雌雄异株或杂性，雄花聚伞花序，生于当年生枝下部，腋生，单生，每花序有花4～5朵，有时更多，或中央1朵为雌花，且能发育成果；雄花花萼4裂，裂片卵状三角形；花冠壶形，花冠管4裂，裂片旋转排列，近半圆形；退化子房微小，密生长茸毛；雌花单生叶腋，花萼钟形，4裂，深裂至中裂，裂片宽卵形或近半圆形，先端骤短渐尖，两侧向背面反曲；花冠壶形或近钟形，外面在棱上疏生长茸毛，内面无毛，4深裂，裂片旋转排列，宽卵形或近圆形，先端向后反曲。

3. 果实性状

果实卵形，果实有缢痕，也有果实无缢痕，果顶尖；果实纵径5cm，横径约7cm；平均单果重200g；果实嫩时绿色，成熟时暗黄色；果柄粗短，长8～10mm，直径约4mm；有种子3～8颗不等；种子近长圆形，长约2.5cm，宽约1.6cm。

4. 生物学习性

高产丰产；平均每个结果枝有3～4个果；萌芽期4月中旬，始花期5月上旬，果实始熟期9月中旬，果实成熟期10月下旬。

品种评价

产量高，果实为涩柿；果实可食用；对寒、旱、涝、瘠、盐、风、日灼等恶劣环境有较强抵抗能力。

植株

果实

果实剖面

枝叶

花楼门牛心柿

Diospyros kaki Thunb. 'Hualoumenniuxinshi'

调查编号： LUOZRZQL011

所属树种： 柿 *Diospyros kaki* Thunb.

提 供 人： 段永庆
电　　话： 13647266280
住　　址： 湖北省十堰市房县土城镇
花楼门村7组

调 查 人： 罗正荣、张青林
电　　话： 13907134053
单　　位： 华中农业大学

调查地点： 湖北省十堰市房县土城镇
花楼门村7组

地理数据： GPS数据（海拔：990m，
经度：E110°41'23.74"，纬度：N32°20'14.46"）

样本类型： 枝条、叶片、果实

生境信息

来源于当地，土壤质地为黏壤土。

植物学信息

1. 植株情况

落叶乔木，高达14m，胸径达40cm，树干通直；树皮深灰色或灰褐色，成薄片状剥落，露出白色的内皮；树冠阔卵形或半球形，枝叶中等疏密至略疏，约在树高一半处分枝；生长势强。

2. 植物学特征

嫩梢茸毛密度中等，梢尖茸毛黄绿色；嫩梢黄绿色，成熟枝条黄褐色；节间长度约28mm；叶柄长11mm；成龄叶长14cm，宽7cm，叶片长椭圆形，叶色深绿有光泽；成龄叶全缘，叶缘光滑微曲；叶面微波，叶尖渐尖，叶基部楔形；叶下表面叶脉间无匍匐茸毛，叶脉间无直立茸毛。

花雌雄异株或杂性，雄花聚伞花序，生于当年生枝下部，腋生，单生，每花序有花4~5朵，有时更多，或中央1朵为雌花，且能发育成果；雄花花萼4裂，裂片卵状三角形；花冠壶形，花冠管4裂，裂片旋转排列，近半圆形；退化子房微小，密生长茸毛；雌花单生叶腋，花萼钟形，4裂，深裂至中裂，裂片宽卵形或近半圆形，先端骤短渐尖，两侧向背面反曲；花冠壶形或近钟形，外面在棱上疏生长茸毛，内面无毛，4深裂，裂片旋转排列，宽卵形或近圆形，先端向后反曲。

3. 果实性状

果实卵形，略呈4棱，果顶平；果实纵径7.3cm，横径约5.8cm；果实嫩时绿色，成熟时暗黄色；果柄粗短，长8~10mm，直径约4mm；有种子3~8颗不等；种子近长圆形，长约2.5cm，宽约1.6cm。

4. 生物学习性

高产，平均每个结果枝有3~4个果；萌芽期3月中旬，始花期4月上旬，果实始熟期9月中旬，果实成熟期10月中旬。

品种评价

产量高，果实为涩柿；对寒、旱、涝、瘠、盐、风、日灼等恶劣环境有较强抵抗能力。

植株

叶片

花

果实

杜家川磨盘柿

Diospyros kaki Thunb. 'Dujiachuanmopanshi'

调查编号： LUOZRZQL012

所属树种： 柿 *Diospyros kaki* Thunb.

提 供 人： 段永庆
电　　话： 13647266280
住　　址： 湖北省十堰市房县土城镇
　　　　　花楼门村7组

调 查 人： 罗正荣、张青林
电　　话： 13907134053
单　　位： 华中农业大学

调查地点： 湖北省十堰市房县野人谷
　　　　　镇杜家川村高桥河

地理数据： GPS数据（海拔：862m，
　　　　　经度：E110°42'30.66"，纬度：N31°53'38.88"）

样本类型： 枝条、叶片、果实

生境信息

来源于当地，土壤质地为黏壤土。

植物学信息

1. 植株情况

落叶乔木，高达14m，胸径达140cm，树干通直；树皮深灰色或灰褐色，成薄片状剥落，露出白色的内皮；树冠阔卵形或半球形，枝叶中等疏密至略疏，约在树高一半处分枝；生长势强。

2. 植物学特征

嫩梢茸毛密度中等，梢尖茸毛黄绿色；嫩梢黄绿色，成熟枝条黄褐色；节间长度约22mm；叶柄长6mm；成龄叶长15cm，宽5cm，叶片长椭圆形，叶色深绿有光泽；成龄叶全缘，叶缘光滑微曲；叶面微波，叶尖渐尖，叶基部楔形；叶下表面叶脉间无匍匐茸毛，叶脉间无直立茸毛。

花雌雄异株或杂性，雄花聚伞花序，生于当年生枝下部，腋生，单生，每花序有花4~5朵，有时更多，或中央1朵为雌花，且能发育成果；雄花花萼4裂，裂片卵状三角形；花冠壶形，花冠管4裂，裂片旋转排列，近半圆形；退化子房微小，密生长茸毛；雌花单生叶腋，花萼钟形，4裂，深裂至中裂，裂片宽卵形或近半圆形，先端骤短渐尖，两侧向背面反曲；花冠壶形或近钟形，外面在棱上疏生长茸毛，内面无毛，4深裂，裂片旋转排列，宽卵形或近圆形，先端向后反曲。

3. 果实性状

果实扁圆形，呈4棱4凹，果顶平；果实大，果实纵径7cm，横径约8cm；果实嫩时绿色，成熟时暗黄色；果柄粗短，长8~10mm，直径约4mm；有种子3~8颗不等；种子退化。

4. 生物学习性

高产；萌芽期4月中旬，始花期5月上旬，果实始熟期9月中旬，果实成熟期10月中旬。

品种评价

产量高，果实为涩柿；抗病虫；对寒、旱、涝、瘠、盐、风、日灼等恶劣环境有较强抵抗能力；可能引自河南。

生境　　　　　　　　　　　　　　　　植株

果实顶 果实剖面

盘水牛心柿 1号

Diospyros kaki Thunb. 'Panshuiniuxinshi 1'

调查编号： LUOZRZQL013

所属树种： 柿 *Diospyros kaki* Thunb.

提 供 人： 段永庆
电　　话： 13647266280
住　　址： 湖北省十堰市房县土城镇
　　　　　 花楼门村7组

调 查 人： 罗正荣、张青林
电　　话： 13907134053
单　　位： 华中农业大学

调查地点： 湖北省神农架林区松柏镇
　　　　　 盘水村盘水大道68号

地理数据： GPS数据（海拔：1060m，
　　　　　 经度：E110°32′46.68″，纬度：N31°46′56.64″）

样本类型： 枝条、叶片、果实

生境信息

来源于当地，土壤质地为黏壤土。

植物学信息

1. 植株情况

非实生，嫁接；生长势强。

2. 植物学特征

无嫩梢茸毛；嫩梢黄绿色，成熟枝条黄褐色；节间长度约24mm；叶柄长6～10mm；成龄叶长9cm，宽7cm，叶片椭圆形，叶色深绿有光泽；成龄叶全缘，叶缘光滑微曲；叶面微波，叶尖渐尖，叶基部楔形；叶下表面叶脉间无匍匐茸毛，叶脉间无直立茸毛。

花雌雄异株或杂性，雄花聚伞花序，生于当年生枝下部，腋生，单生，每花序有花4～5朵，有时更多，或中央1朵为雌花，且能发育成果；雄花花萼4裂，裂片卵状三角形；花冠壶形，花冠管4裂，裂片旋转排列，近半圆形；退化子房微小，密生长茸毛；雌花单生叶腋，花萼钟形，4裂，深裂至中裂，裂片宽卵形或近半圆形，先端骤短渐尖，两侧向背面反曲；花冠壶形或近钟形，外面在棱上疏生长茸毛，内面无毛，4深裂，裂片旋转排列，宽卵形或近圆形，先端向后反曲。

3. 果实性状

果实卵形，果顶尖；果实纵径7cm，横径约5cm；果实嫩时绿色，成熟时暗黄色；果柄粗短，长8～10mm，直径约4mm；有种子3～8颗不等；种子近长圆形，长约2.5cm，宽约1.6cm。

4. 生物学习性

高产，平均每个结果枝有3～4个果；萌芽期4月中旬，始花期5月上旬，果实始熟期9月中旬，果实成熟期10月中旬。

品种评价

产量高，果实为涩柿；对寒、旱、涝、瘠、盐、风、日灼等恶劣环境有较强抵抗能力。

植株

主干

果实

叶片

盘水甜柿

Diospyros kaki Thunb. 'Panshuitianshi'

调查编号：LUOZRZQL014

所属树种：柿 *Diospyros kaki* Thunb.

提 供 人：段永庆
电　　话：13647266280
住　　址：湖北省十堰市房县土城镇
　　　　　花楼门村7组

调 查 人：罗正荣、张青林
电　　话：13907134053
单　　位：华中农业大学

调查地点：湖北省神农架林区松柏镇
　　　　　盘水村盘水大道70号

地理数据：GPS数据（海拔：1060m，
　　　　　经度：E110°32'46.68"，
　　　　　纬度：N31°46'56.64"）

样本类型：枝条、叶片、果实

生境信息

生于旷野，伴生物种为玉米。

植物学信息

1. 植株情况

树体小，树势弱。

2. 植物学特征

嫩梢茸毛密度中等，梢尖茸毛黄绿色；嫩梢黄绿色，成熟枝条黄褐色；节间长度约28mm；叶柄长6~10mm；成龄叶长8.5cm，宽7cm，叶片椭圆形，叶色深绿有光泽；成龄叶全缘，叶缘光滑微曲；叶面微波，叶尖渐尖，叶基部楔形；叶下表面叶脉间无匍匐茸毛，叶脉间无直立茸毛。

花雌雄异株或杂性，雄花聚伞花序，生于当年生枝下部，腋生，单生，每花序有花4~5朵，有时更多，或中央1朵为雌花，且能发育成果；雄花花萼4裂，裂片卵状三角形；花冠壶形，花冠管4裂，裂片旋转排列，近半圆形；退化子房微小，密生长茸毛；雌花单生叶腋，花萼钟形，4裂，深裂至中裂，裂片宽卵形或近半圆形，先端骤短渐尖，两侧向背面反曲；花冠壶形或近钟形，外面在棱上疏生长茸毛，内面无毛，4深裂，裂片旋转排列，宽卵形或近圆形，先端向后反曲。

3. 果实性状

果实扁圆形，果顶平；果实纵径5cm，横径约8cm；果实嫩时绿色，成熟时暗黄色；果柄粗短，长8~10mm，直径约4mm；有种子3~8颗不等；种子近长圆形，长约2.5cm，宽约1.6cm。

4. 生物学习性

平均每个结果枝有3~4个果；萌芽期4月中旬，始花期5月上旬，果实始熟期9月中旬，果实成熟期9月下旬。

品种评价

产量高，果实为涩柿；对寒、旱、涝、瘠、盐、风、日灼等恶劣环境有较强抵抗能力。

植株

叶片

花

果实

盘水牛心柿 2号

Diospyros kaki Thunb. 'Panshuiniuxinshi 2'

🔲 调查编号：LUOZRZQL015

🔲 所属树种：柿 *Diospyros kaki* Thunb.

🔲 提 供 人：段永庆
电　　话：13647266280
住　　址：湖北省十堰市房县土城镇
花楼门村7组

🔲 调 查 人：罗正荣、张青林
电　　话：13907134053
单　　位：华中农业大学

🔲 调查地点：湖北省神农架林区松柏镇
盘水村盘水大道70号

🔲 地理数据：GPS数据（海拔：1060m，
经度：E110°32'46.68"，纬度：N31°46'56.64"）

🔲 样本类型：枝条、叶片、果实

🔲 生境信息

生于旷野路边。

🔲 植物学信息

1. 植株情况

落叶乔木，高达14m，胸径达40cm，树干通直；树皮深灰色或灰褐色，成薄片状剥落，露出白色的内皮；树冠阔卵形或半球形，枝叶中等疏密至略疏，约在树高一半处分枝；生长势强。

2. 植物学特征

嫩梢茸毛密度中等，梢尖茸毛黄绿色；嫩梢黄绿色，成熟枝条暗褐色；节间长度约23mm；叶柄长9mm；成龄叶长7.5cm，宽6.5cm，叶片椭圆形，叶色深绿有光泽；成龄叶全缘，叶缘光滑微曲；叶面微波，叶尖渐尖，叶基部楔形；叶下表面叶脉间无匍匐茸毛，叶脉间无直立茸毛。

花雌雄异株或杂性，雄花聚伞花序，生于当年生枝下部，腋生，单生，每花序有花4～5朵，有时更多，或中央1朵为雌花，且能发育成果；雄花花萼4裂，裂片卵状三角形；花冠壶形，花冠管4裂，裂片旋转排列，近半圆形；退化子房微小，密生长茸毛；雌花单生叶腋，花萼钟形，4裂，深裂至中裂，裂片宽卵形或近半圆形，先端骤短渐尖，两侧向背面反曲；花冠壶形或近钟形，外面在棱上疏生长茸毛，内面无毛，4深裂，裂片旋转排列，宽卵形或近圆形，先端向后反曲。

3. 果实性状

果实卵形，果顶尖；果实纵径7cm，横径约8cm；果实嫩时绿色，成熟时暗黄色；果柄粗短，长8～10mm，直径约4mm；有种子3～8颗不等；种子近长圆形，长约2.5cm，宽约1.6cm。

4. 生物学习性

高产，平均每个结果枝有3～4个果；萌芽期4月中旬，始花期5月上旬，果实始熟期9月中旬，果实成熟期9月下旬。

🔲 品种评价

产量高；果实可食用；对寒、旱、涝、瘠、盐、风、日灼等恶劣环境有较强抵抗能力。

植株

叶片

结果状

果实

八角庙磨盘柿

Diospyros kaki Thunb. 'Bajiaomiaomopanshi'

调查编号：LUOZRZQL016

所属树种：柿 *Diospyros kaki* Thunb.

提供人：段永庆
电　话：13647266280
住　址：湖北省十堰市房县土城镇
　　　　花楼门村7组

调查人：罗正荣、张青林
电　话：13907134053
单　位：华中农业大学

调查地点：湖北省神农架林区松柏镇
　　　　八角庙村4组

地理数据：GPS数据（海拔：1293m，
经度：E110°32'48.12"，纬度：N31°46'56.10"）

样本类型：枝条，叶片

生境信息

生于庭院。

植物学信息

1. 植株情况

树龄50年以上，树势强。

2. 植物学特征

嫩梢茸毛密度中等，梢尖茸毛黄绿色；嫩梢黄绿色，成熟枝条暗褐色；节间长度约23mm；叶柄长9mm；成龄叶长8cm，宽4cm，叶片椭圆形，叶色深绿有光泽；成龄叶全缘，叶缘光滑微曲；叶面微波，叶尖渐尖，叶基部楔形；叶下表面叶脉间无匍匐茸毛，叶脉间无直立茸毛。

花雌雄异株或杂性，雄花聚伞花序，生于当年生枝下部，腋生，单生，每花序有花4~5朵，有时更多，或中央1朵为雌花，且能发育成果；雄花花萼4裂，裂片卵状三角形；花冠壶形，花冠管4裂，裂片旋转排列，近半圆形；退化子房微小，密生长茸毛；雌花单生叶腋，花萼钟形，4裂，深裂至中裂，裂片宽卵形或近半圆形，先端骤短渐尖，两侧向背面反曲；花冠壶形或近钟形，外面在棱上疏生长茸毛，内面无毛，4深裂，裂片旋转排列，宽卵形或近圆形，先端向后反曲。

3. 果实性状

果实卵形，果顶尖；果实纵径7cm，横径约8cm；果实嫩时绿色，成熟时暗黄色；果柄粗短，长8~10mm，直径约4mm；有种子3~8颗不等；种子近长圆形，长约2.5cm，宽约1.6cm。

4. 生物学习性

高产，平均每个结果枝有3~4个果；萌芽期4月中旬，始花期5月上旬，果实始熟期9月中旬，果实成熟期9月下旬。

品种评价

产量高；果实可食用；对寒、旱、涝、瘠、盐、风、日灼等恶劣环境有较强抵抗能力。

植株

叶片

枝叶

果实

落步河磨盘柿

Diospyros kaki Thunb. 'Luobuhemopanshi'

调查编号：LUOZRZQL017

所属树种：柿 *Diospyros kaki* Thunb.

提供人：段永庆
电　话：13647266280
住　址：湖北省十堰市房县土城镇
花楼门村7组

调查人：罗正荣、张青林
电　话：13907134053
单　位：华中农业大学

调查地点：湖北省宜昌市兴山县南阳
镇落步河村

地理数据：GPS数据（海拔：1293m，
经度：E110°38'18"，纬度：N31°20'40"）

样本类型：枝条、叶片、果实

生境信息

生于庭院。

植物学信息

1. 植株情况

落叶乔木，高达14m，胸径达40cm，树干通直；树皮深灰色或灰褐色，成薄片状剥落，露出白色的内皮；树冠阔卵形或半球形，枝叶中等疏密至略疏，约在树高一半处分枝；生长势强。

2. 植物学特征

嫩梢茸毛密度中等，梢尖茸毛黄绿色；嫩梢黄绿色，成熟枝条暗褐色；节间长度约23mm；叶柄长9mm；成龄叶长14cm，宽7cm，叶片长椭圆形，叶色深绿有光泽；成龄叶全缘，叶缘光滑微曲；叶面微波，叶尖渐尖，叶基部楔形；叶下表面叶脉间无匍匐茸毛，叶脉间无直立茸毛。

花雌雄异株或杂性，雄花聚伞花序，生于当年生枝下部，腋生，单生，每花序有花4~5朵，有时更多，或中央1朵为雌花，且能发育成果；雄花花萼4裂，裂片卵状三角形；花冠壶形，花冠管4裂，裂片旋转排列，近半圆形；退化子房微小，密生长茸毛；雌花单生叶腋，花萼钟形，4裂，深裂至中裂，裂片宽卵形或近半圆形，先端骤短渐尖，两侧向背面反曲；花冠壶形或近钟形，外面在棱上疏生长茸毛，内面无毛，4深裂，裂片旋转排列，宽卵形或近圆形，先端向后反曲。

3. 果实性状

果实扁圆形，呈4棱4凹，果实有深缢痕，底部有盖，果顶平；果实纵径6.2cm，横径约8cm；果实嫩时绿色，成熟时暗黄色；果柄粗短，长8~10mm，直径约4mm；有种子3~8颗不等；种子近长圆形，长约2.5cm，宽约1.6cm。

4. 生物学习性

高产，平均每个结果枝有3~4个果；萌芽期4月中旬，始花期5月上旬，果实始熟期10月中旬，果实成熟期10月下旬。

品种评价

产量高；果实可食用；对寒、旱、涝、瘠、盐、风、日灼等恶劣环境有较强抵抗能力。

生境

枝叶

叶片

主干

滩平磨盘柿

Diospyros kaki Thunb. 'Tanpingmopanshi'

调查编号： LUOZRZQL018

所属树种： 柿 *Diospyros kaki* Thunb.

提 供 人： 段永庆
电　　话： 13647266280
住　　址： 湖北省十堰市房县土城镇
　　　　　花楼门村7组

调 查 人： 罗正荣、张青林
电　　话： 13907134053
单　　位： 华中农业大学

调查地点： 湖北省宜昌市兴山县昭君
　　　　　镇滩平村

地理数据： GPS数据（海拔：913m，
　　　　　经度：E110°38'34"，纬度：N31°15'55"）

样本类型： 枝条、叶片、果实

生境信息

生于庭院。

植物学信息

1. 植株情况

树姿直立；树势强。

2. 植物学特征

嫩梢茸毛密度中等，梢尖茸毛黄绿色；嫩梢黄绿色，成熟枝条暗褐色；节间长度约23mm；叶柄长9mm；成龄叶长16cm，宽10cm，叶片椭圆形，叶色深绿有光泽；成龄叶全缘，叶缘光滑微曲；叶面微波，叶尖渐尖，叶基部楔形；叶下表面叶脉间无匍匐茸毛，叶脉间无直立茸毛。

花雌雄异株或杂性，雄花聚伞花序，生于当年生枝下部，腋生，单生，每花序有花4~5朵，有时更多，或中央1朵为雌花，且能发育成果；雄花花萼4裂，裂片卵状三角形；花冠壶形，花冠管4裂，裂片旋转排列，近半圆形；退化子房微小，密生长茸毛；雌花单生叶腋，花萼钟形，4裂，深裂至中裂，裂片宽卵形或近半圆形，先端骤短渐尖，两侧向背面反曲；花冠壶形或近钟形，外面在棱上疏生长茸毛，内面无毛，4深裂，裂片旋转排列，宽卵形或近圆形，先端向后反曲。

3. 果实性状

果实扁圆形，略呈4棱，果实有深缢痕，底部有果盖，果顶平；果实纵径6.2cm，横径约8cm；果实嫩时绿色，成熟时暗黄色；果柄粗短，长8~10mm，直径约4mm；有种子3~8颗不等；种子近长圆形，长约2.5cm，宽约1.6cm。

4. 生物学习性

高产，平均每个结果枝有3~4个果；萌芽期4月中旬，始花期5月上旬，果实始熟期10月中旬，果实成熟期10月下旬。

品种评价

产量高；果实可食用；对寒、旱、涝、瘠、盐、风、日灼等恶劣环境有较强抵抗能力。

生境

植株

茎干

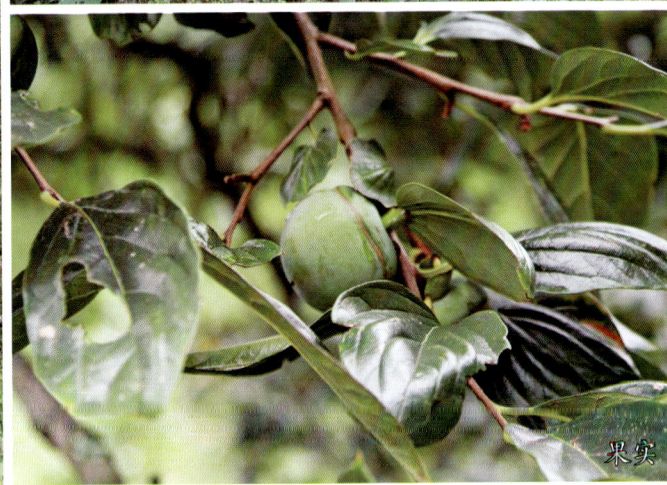
果实

金竹园牛心柿

Diospyros kaki Thunb. 'Jinzhuyuanniuxinshi'

⊙ 调查编号： LUOZRZQL019

🗓 所属树种： 柿 *Diospyros kaki* Thunb.

📄 提 供 人： 段永庆
　　电　话： 13647266280
　　住　址： 湖北省十堰市房县土城镇
　　　　　　花楼门村7组

📰 调 查 人： 罗正荣、张青林
　　电　话： 13907134053
　　单　位： 华中农业大学

📍 调查地点： 湖北省恩施土家族苗族自治
　　　　　　州巴东县信陵镇金竹园村

🌐 地理数据： GPS数据（海拔：860m，
　　　　　　经度：E110°22'41"，纬度：N31°0'52"）

🖼 样本类型： 枝条、叶片、果实

🗒 生境信息

生于庭院。

📋 植物学信息

1. 植株情况

落叶乔木，高15m，直径达47cm，树干通直；树皮深灰色或灰褐色，成薄片状剥落，露出白色的内皮；树冠阔卵形或半球形，枝叶中等疏密至略疏，约在树高一半处分枝；生长势强。

2. 植物学特征

嫩梢茸毛密度中等，梢尖茸毛黄绿色；嫩梢黄绿色，成熟枝条暗褐色；节间长度约23mm；叶柄长9mm；成龄叶长15cm，宽8cm，叶片椭圆形，叶色深绿有光泽；成龄叶全缘，叶缘光滑微曲；叶面微波，叶尖渐尖，叶基部楔形；叶下表面叶脉间无匍匐茸毛，叶脉间无直立茸毛。

花雌雄异株或杂性，雄花聚伞花序，生于当年生枝下部，腋生，单生，每花序有花4~5朵，有时更多，或中央1朵为雌花，且能发育成果；雄花花萼4裂，裂片卵状三角形；花冠壶形，花冠管4裂，裂片旋转排列，近半圆形；退化子房微小，密生长茸毛；雌花单生叶腋，花萼钟形，4裂，深裂至中裂，裂片宽卵形或近半圆形，先端骤短渐尖，两侧向背面反曲；花冠壶形或近钟形，外面在棱上疏生长茸毛，内面无毛，4深裂，裂片旋转排列，宽卵形或近圆形，先端向后反曲。

3. 果实性状

果实卵形，果顶尖；果实纵径5.7cm，横径约5cm；果实嫩时绿色，成熟时暗黄色；果柄粗短，长8~10mm，直径约4mm；种子退化。

4. 生物学习性

高产，平均每个结果枝有3~4个果；萌芽期4月中旬，始花期5月上旬，果实始熟期10月中旬，果实成熟期10月下旬。

📖 品种评价

产量高；果实可食用；对寒、旱、涝、瘠、盐、风、日灼等恶劣环境有较强抵抗能力。

果实

果实剖面

阡山磨盘柿

Diospyros kaki Thunb. 'Qianshanmopanshi'

调查编号： LUOZRZQL020

所属树种： 柿 *Diospyros kaki* Thunb.

提 供 人： 段永庆
电　　话： 13647266280
住　　址： 湖北省十堰市房县土城镇
　　　　　花楼门村7组

调 查 人： 罗正荣、张青林
电　　话： 13907134053
单　　位： 华中农业大学

调查地点： 湖北省恩施土家族苗族自治
　　　　　州巴东县茶店子镇阡山村

地理数据： GPS数据（海拔：724m，
　　　　　经度：E110°22′43.37″，纬度：N30°59′17.08″）

样本类型： 枝条、叶片、果实

生境信息

来源于当地，生于田间旷野，土壤质地为黏壤土。

植物学信息

1. 植株情况

落叶乔木，高达14m，胸径达140cm，树干通直；树皮深灰色或灰褐色，成薄片状剥落，露出白色的内皮；树冠阔卵形或半球形，枝叶中等疏密至略疏，约在树高一半处分枝；生长势强。

2. 植物学特征

嫩梢茸毛密度中等，梢尖茸毛黄绿色；嫩梢黄绿色，成熟枝条暗褐色；节间长度约23mm；叶柄长9mm；成龄叶长12cm，宽6cm，叶片椭圆形，叶色深绿有光泽；成龄叶全缘，叶缘光滑微曲；叶面微波，叶尖渐尖，叶基部楔形；叶下表面叶脉间无匍匐茸毛，叶脉间无直立茸毛。

花雌雄异株或杂性，雄花聚伞花序，生于当年生枝下部，腋生，单生，每花序有花4～5朵，有时更多，或中央1朵为雌花，且能发育成果；雄花花萼4裂，裂片卵状三角形；花冠壶形，花冠管4裂，裂片旋转排列，近半圆形；退化子房微小，密生长茸毛；雌花单生叶腋，花萼钟形，4裂，深裂至中裂，裂片宽卵形或近半圆形，先端骤短渐尖，两侧向背面反曲；花冠壶形或近钟形，外面在棱上疏生长茸毛，内面无毛，4深裂，裂片旋转排列，宽卵形或近圆形，先端向后反曲。

3. 果实性状

果实扁圆形，略呈4棱，果实有深缢痕，底部有盖，果顶平；果实纵径6.2cm，横径约8cm；果实嫩时绿色，成熟时暗黄色；果柄粗短，长8～10mm，直径约4mm；有种子3～8颗不等；种子近长圆形，长约2.5cm，宽约1.6cm。

4. 生物学习性

高产，平均每个结果枝有3～4个果；萌芽期4月中旬，始花期5月上旬，果实始熟期10月中旬，果实成熟期10月下旬。

品种评价

产量高；果实可食用；对寒、旱、涝、瘠、盐、风、日灼等恶劣环境有较强抵抗能力。

植株

叶片

枝条

枝叶

茶店子牛心柿

Diospyros kaki Thunb. 'Chadianziniuxinshi'

调查编号：LUOZRZQL021

所属树种：柿 *Diospyros kaki* Thunb.

提 供 人：段永庆
电　　话：13647266280
住　　址：湖北省十堰市房县土城镇
　　　　　花楼门村7组

调 查 人：罗正荣、张青林
电　　话：13907134053
单　　位：华中农业大学

调查地点：湖北省恩施土家族苗族自
　　　　　治州巴东县茶店子镇金店
　　　　　街人民法庭

地理数据：GPS数据（海拔：978m，
　　　　　经度：E110°20'47.41"，纬度：N30°56'39.46"）

样本类型：枝条、叶片、果实

生境信息

生于路边。

植物学信息

1. 植株情况

落叶乔木，高达12m，胸径达120m，多干；树皮深灰色或灰褐色，成薄片状剥落，露出白色的内皮；生长势强。

2. 植物学特征

嫩梢茸毛密度中等，梢尖茸毛黄绿色；嫩梢黄绿色，成熟枝条暗褐色；节间长度约23mm；叶柄长9mm；成龄叶长14cm，宽5cm，叶片椭圆形，叶色深绿有光泽；成龄叶全缘，叶缘光滑微曲；叶面微波，叶尖渐尖，叶基部楔形；叶下表面叶脉间无匍匐茸毛，叶脉间无直立茸毛。

花雌雄异株或杂性，雄花聚伞花序，生于当年生枝下部，腋生，单生，每花序有花4～5朵，有时更多，或中央1朵为雌花，且能发育成果；雄花花萼4裂，裂片卵状三角形；花冠壶形，花冠管4裂，裂片旋转排列，近半圆形；退化子房微小，密生长茸毛；雌花单生叶腋，花萼钟形，4裂，深裂至中裂，裂片宽卵形或近半圆形，先端骤短渐尖，两侧向背面反曲；花冠壶形或近钟形，外面在棱上疏生长茸毛，内面无毛，4深裂，裂片旋转排列，宽卵形或近圆形，先端向后反曲。

3. 果实性状

果实卵形，果顶尖；果实纵径7cm，横径约5cm；果实嫩时绿色，成熟时暗黄色；果柄粗短，长8～10mm，直径约4mm；种子退化。

4. 生物学习性

高产，平均每个结果枝有3～4个果；萌芽期4月中旬，始花期5月上旬，果实始熟期10月中旬，果实成熟期10月下旬。

品种评价

产量高；果实可食用；对寒、旱、涝、瘠、盐、风、日灼等恶劣环境有较强抵抗能力。

植株

枝叶

结果状

茶店子磨盘柿

Diospyros kaki Thunb. 'Chadianzimopanshi'

调查编号：LUOZRZQL022

所属树种：柿 *Diospyros kaki* Thunb.

提 供 人：段永庆
电　　话：13647266280
住　　址：湖北省十堰市房县土城镇
　　　　　花楼门村7组

调 查 人：罗正荣、张青林
电　　话：13907134053
单　　位：华中农业大学

调查地点：湖北省恩施土家族苗族自治
　　　　　州巴东县茶店子镇茶庵寺村

地理数据：GPS数据（海拔：978m，
　　　　　经度：E110°19'32"，纬度：N30°54'31"）

样本类型：枝条、叶片

生境信息

生于田间，伴生物种为玉米。

植物学信息

1. 植株情况

树姿半开张；树势中等。

2. 植物学特征

叶柄长9mm；成龄叶长12cm，宽6cm，叶片椭圆形，叶色深绿有光泽；成龄叶全缘，叶缘光滑微曲；叶面微波，叶尖渐尖，叶基部楔形；叶下表面叶脉间无匍匐茸毛，叶脉间无直立茸毛。

花雌雄异株或杂性，雄花聚伞花序，生于当年生枝下部，腋生，单生，每花序有花4～5朵，有时更多，或中央1朵为雌花，且能发育成果；雄花花萼4裂，裂片卵状三角形；花冠壶形，花冠管4裂，裂片旋转排列，近半圆形；退化子房微小，密生长茸毛；雌花单生叶腋，花萼钟形，4裂，深裂至中裂，裂片宽卵形或近半圆形，先端骤短渐尖，两侧向背面反曲；花冠壶形或近钟形，外面在棱上疏生长茸毛，内面无毛，4深裂，裂片旋转排列，宽卵形或近圆形，先端向后反曲。

3. 果实性状

果实扁圆形，略呈4棱，果实有深缢痕，底部有果盖，果顶平；果实纵径6.5cm，横径约8cm；果实嫩时绿色，成熟时暗黄色；果柄粗短，长8～10mm，直径约4mm；有种子3～8颗不等；种子近长圆形，长约2.5cm，宽约1.6cm。

4. 生物学习性

高产，平均每个结果枝有3～4个果；萌芽期4月中旬，始花期5月上旬，果实始熟期10月中旬，果实成熟期10月下旬。

品种评价

产量高；果实可食用；对寒、旱、涝、瘠、盐、风、日灼等恶劣环境有较强抵抗能力。

生境

植株

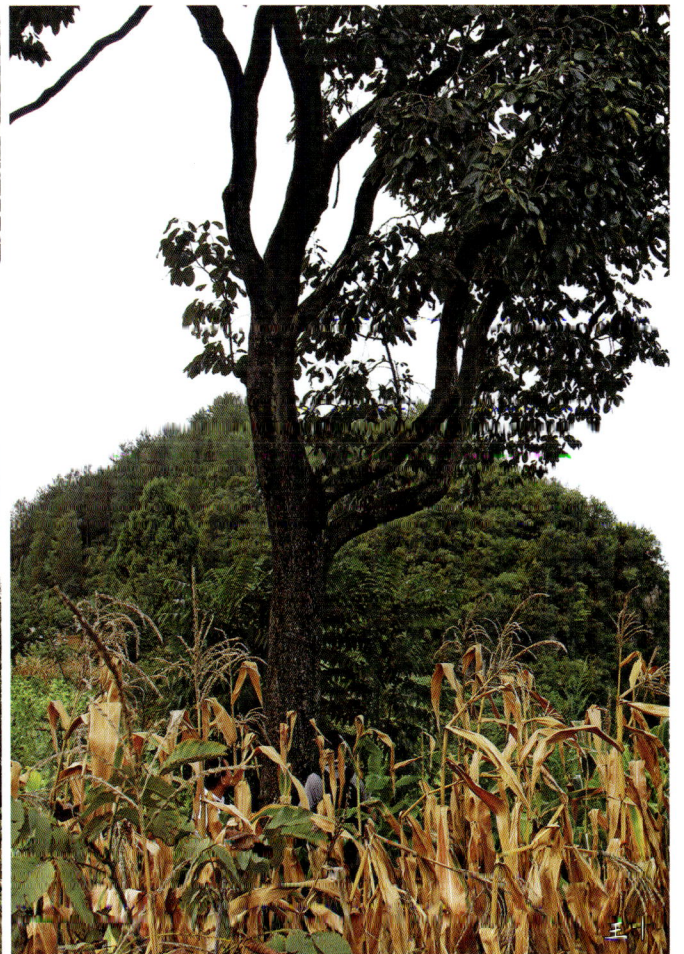

主干

白河牛心柿

Diospyros kaki Thunb. 'Baiheniuxinshi'

调查编号：LUOZRZQL023

所属树种：柿 *Diospyros kaki* Thunb.

提 供 人：杨继贤
电　　话：13607114972
住　　址：华中农业大学

调 查 人：罗正荣、张青林
电　　话：13907134053
单　　位：华中农业大学

调查地点：湖北省宜昌市秭归县杨林桥镇眉毛山村

地理数据：GPS数据（海拔：978m，经度：E111°37'05"，纬度：N30°43'15"）

样本类型：枝条、叶片、果实

生境信息

生于田间，伴生物种为玉米。

植物学信息

1. 植株情况

嫩梢茸毛密度中等，梢尖茸毛黄绿色；嫩梢黄绿色，成熟枝条暗褐色；节间长度约23mm；叶柄长9mm；成龄叶长13cm，宽10cm，叶片椭圆形，叶色深绿有光泽；成龄叶全缘，叶缘光滑微曲；叶面微波，叶尖渐尖，叶基部楔形；叶下表面叶脉间无匍匐茸毛，叶脉间无直立茸毛。

花雌雄异株或杂性，雄花聚伞花序，生于当年生枝下部，腋生，单生，每花序有花4～5朵，有时更多，或中央1朵为雌花，且能发育成果；雄花花萼4裂，裂片卵状三角形；花冠壶形，花冠管4裂，裂片旋转排列，近半圆形；退化子房微小，密生长茸毛；雌花单生叶腋，花萼钟形，4裂，深裂至中裂，裂片宽卵形或近半圆形，先端骤短渐尖，两侧向背面反曲；花冠壶形或近钟形，外面在棱上疏生长茸毛，内面无毛，4深裂，裂片旋转排列，宽卵形或近圆形，先端向后反曲。

3. 果实性状

果实卵形，果顶尖，果顶平，略呈4棱4凹；果实纵径5cm，横径约4cm；果实嫩时绿色，成熟时暗黄色；果柄粗短，长8～10mm，直径约4mm；有种子3～8颗不等。

4. 生物学习性

高产；萌芽期4月中旬，始花期5月上旬，果实始熟期10月中旬，果实成熟期10月下旬。

品种评价

产量高；果实可食用；对寒、旱、涝、瘠、盐、风、日灼等恶劣环境有较强抵抗能力。

结果状

果实

分水冻柿

Diospyros kaki Thunb. 'Fenshuidongshi'

调查编号： LIHXZZW011

所属树种： 柿 *Diospyros kaki* Thunb.

提 供 人： 孙世航
电　　话： 18838294775
住　　址： 湖南省郴州市宜章县五岭乡分水村上石口

调 查 人： 张振伟
电　　话： 18530900440
单　　位： 湖南省郴州市林业局

调查地点： 湖南省郴州市宜章县五岭乡分水村上石口

地理数据： GPS数据（海拔：284m，经度：E112°59'46.70"，纬度：N25°30'10.42"）

样本类型： 枝条、叶片、果实

生境信息

生于田间。

植物学信息

1. 植株情况

落叶乔木，高达14m，胸径达110cm，树干通直；树皮深灰色或灰褐色，成薄片状剥落，露出白色的内皮；树冠阔卵形或半球形，枝叶中等疏密至略疏，约在树高一半处分枝；生长势强。

2. 植物学特征

嫩梢茸毛密度中等，梢尖茸毛黄绿色；嫩梢黄绿色，成熟枝条黄褐色；节间长度约28mm；叶柄长11mm；成龄叶长14cm，宽7cm，叶片长椭圆形，叶色深绿有光泽；成龄叶全缘，叶缘光滑微曲；叶面微波，叶尖渐尖，叶基部楔形；叶下表面叶脉间无匍匐茸毛，叶脉间无直立茸毛。

花雌雄异株或杂性，雄花聚伞花序，生于当年生枝下部，腋生，单生，每花序有花4～5朵，有时更多，或中央1朵为雌花，且能发育成果；雄花花萼4裂，裂片卵状三角形；花冠壶形，花冠管4裂，裂片旋转排列，近半圆形；退化子房微小，密生长茸毛；雌花单生叶腋，花萼钟形，4裂，深裂至中裂，裂片宽卵形或近半圆形，先端骤短渐尖，两侧向背面反曲；花冠壶形或近钟形，外面在棱上疏生长茸毛，内面无毛，4深裂，裂片旋转排列，宽卵形或近圆形，先端向后反曲。

3. 果实性状

果实卵形，果顶略尖；果实纵径7cm，横径约8cm；果实嫩时绿色，成熟时暗黄色；果柄粗短，长8～10mm，直径约4mm；有种子3～8颗不等；种子近长圆形，长约2.5cm，宽约1.6cm。

4. 生物学习性

高产；萌芽期4月中旬，始花期5月上旬，果实始熟期10月中旬，果实成熟期10月下旬。

品种评价

产量高，果实可食用；对寒、旱、涝、瘠、盐、风、日灼等恶劣环境有较强抵抗能力。

生境

枝叶

叶片

花

坳背柿

Diospyros kaki Thunb. 'Aobeishi'

调查编号：LIHXZZW017

所属树种：柿 *Diospyros kaki* Thunb.

提 供 人：孙世航
电　　话：18838294775
住　　址：湖南省郴州市宜章县五岭
　　　　　乡分水村上石口

调 查 人：张振伟
电　　话：18530900440
单　　位：湖南省郴州市林业局

调查地点：湖南省郴州市宜章县五岭
　　　　　乡坳背村

地理数据：GPS数据（海拔：230m，
　　　　　经度：E113°0'27.79"，纬度：N25°31'6.59"）

样本类型：枝条、叶片

生境信息

生于庭院。

植物学信息

1. 植株情况

树主6.3m，干高1.8m；单干，干周30cm；生长势强。

2. 植物学特征

嫩梢茸毛密度中等，梢尖茸毛黄绿色；嫩梢黄绿，成熟枝条黄褐色；节间长度约22mm；叶柄长9mm；成龄叶长13cm，宽10cm，叶片椭圆形，叶色深绿有光泽；成龄叶全缘，叶缘光滑微曲，叶面微波，叶尖渐尖，叶基部楔形；叶下表面叶脉间无匍匐茸毛，叶脉间无直立茸毛。

花雌雄异株或杂性，雄花聚伞花序，生于当年生枝下部，腋生，单生，每花序有花4~5朵，有时更多，或中央1朵为雌花，且能发育成果；雄花花萼4裂，裂片卵状三角形；花冠壶形，花冠管4裂，裂片旋转排列，近半圆形；退化子房微小，密生长茸毛；雌花单生叶腋，花萼钟形，4裂，深裂至中裂，裂片宽卵形或近半圆形，先端骤短渐尖，两侧向背面反曲；花冠壶形或近钟形，外面在棱上疏生长茸毛，内面无毛，4深裂，裂片旋转排列，宽卵形或近圆形，先端向后反曲。

3. 果实性状

果实卵形、球形，略呈4棱；果实纵径7cm，横径约8cm；果实嫩时绿色，成熟时暗黄色；果柄粗短，长8~10mm，直径约4mm；有种子3~8颗不等；种子近长圆形，长约2.5cm，宽约1.6cm。

4. 生物学习性

平均每个结果枝有3~4个果；萌芽期4月中旬，始花期5月上旬，果实始熟期9月中旬，果实成熟期10月上旬。

品种评价

产量高，果实为涩柿；对寒、旱、涝、瘠、盐、风、日灼等恶劣环境有较强抵抗能力。

生境

叶片

植株

枝叶

参考文献

艾呈祥, 孙山, 秦志华, 等. 2011. 中国柿品种资源分布现状与新技术在育种上的应用[J]. 落叶果树, 3: 9-11.

曹尚银, 侯乐峰. 2013. 中国果树志·石榴卷[M]. 北京: 中国林业出版社.

陈绪中, 罗正荣. 2004. '罗田甜柿'胚乳培养获得十二倍体再生植株[J]. 园艺学报, 31 (5): 589-592.

陈正华. 1986. 木本植物组织培养及其应用[M]. 北京: 高等教育出版社.

邓立宝, 何新华, 杨之湜, 等. 2014. 广西柿种质资源调查及开发利用对策[J]. 南方农业学报, 45 (7): 1230-1236.

范小花. 2009. 中国甜柿遗传改良技术体系优化及种质创制[D]. 武汉: 华中农业大学.

房经贵, 刘崇怀. 2014. 葡萄遗传育种与基因组学[M]. 南京: 江苏科学技术出版社.

谷晓峰, 唐仙英, 罗正荣. 2001. '罗田甜柿'幼胚培养条件的研究[J]. 果树学报, 18: 80-83.

谷晓峰. 2003. 秋水仙素处理'罗田甜柿'获得十二倍体再生植株[J]. 园艺学报, 30 (3): 325-327.

贾定贤. 2007. 我国主要果树种质资源研究的回顾与展望[J]. 中国果树, (04): 58-60.

江丽萍. 2009. 中国原产完全甜柿'小果甜柿' *DkMYBa*基因的克隆和分析[D]. 武汉: 华中农业大学.

李高潮, 杨勇, 王仁梓. 2006. 中国原产柿品种资源[J]. 中国种业, 4: 52-53.

李树钢. 1987. 中国植物志 (第60卷第1分册) [M]. 北京: 科学出版社.

刘少群, 郑庭义, 谢正生, 等. 2011. 日本甜柿在华南地区的引种栽培研究[J]. 广东农业科学, 16: 29-30.

刘艺, 马俊莲, 张子德, 等. 2009. 上西早生柿ACC氧化酶的转基因研究[J]. 河北农业大学学报, 32 (2): 66-70.

刘永巨, 马俊莲, 张子德, 等. 2009. 农杆菌介导法将ACC合成酶和氧化酶反义基因转入日本甜柿的研究[J]. 湖北农业科学, 48 (8): 1800-1802.

卢新雄, 陈晓玲. 2008. 我国作物种质资源的保存与共享体系[J]. 中国科技资源导刊, (04): 20-25.

鲁文静. 2010. 柿新种质创制及试管苗嫩枝嫁接技术的研究[D]. 武汉: 华中农业大学.

罗正荣, 蔡礼鸿, 胡春根. 1996. 柿属植物种质资源及其利用研究现状[J]. 华中农业大学学报, 4: 381-388.

裴欢. 2013. 中国甜柿自然脱涩性状早期筛选及其杂交育种研究[D]. 武汉: 华中农业大学.

任国慧, 俞明亮, 冷翔鹏, 等. 2013. 我国国家果树种质资源研究现状及展望——基于中美两国国家果树种质资源圃的比较[J]. 中国南方果树, 43 (1): 114-118.

杉浦明. 1996. 柿属植物的多样性及其研究课题. 日本园艺学会平成11年秋季大会学术研讨会讲演集——新时代柿业探讨[J]. 园艺学会杂志, 68 (增刊I): 68-69.

申晓鸿, 马俊莲, 张子德, 等. 2007. '次郎'柿ACC合成酶的转基因工艺研究[J]. 河北农业大学学报, 30 (6): 29-32.

唐仙英, 罗正荣. 2000. 部分中国柿品种及其胚培养后代的染色体倍性研究[J]. 园艺学报, 27 (4): 235-239.

童敏, 康志雄, 程诗明, 等. 2008. 柿树遗传资源学研究进展[J]. 湖北农业科学, 47 (8): 960-963.

王玉娟, 张彦萍, 房经贵, 等. 2012. 利用基于RAPD标记的MCID法快速鉴定72个葡萄品种[J]. 中国农业科学, 14: 2913-2922.

杨勇, 阮小凤, 王仁梓, 等. 2005. 柿种质资源及育种研究进展[J]. 西北林学院学报, 20（2）: 133-137.

张平贤, 何欢, 罗正荣, 等. 2016. DlSx-AF4S标记在柿及其杂交后代性别鉴定中的有效性研究[J]. 园艺学报, 43: 47-54.

张晓莹, 张彦萍, 宋长年, 等. 2012. 利用基于DNA标记的人工绘制植物品种鉴别图（MCID）法快速鉴定欧亚葡萄品种[J]. 农业生物技术学报, 06: 703-714.

朱旭东, 上官凌飞, 孙欣, 等. 2014. DNA标记在植物品种鉴定上的应用现状[J]. 中国农学通报, 30（30）: 234-240.

朱占英. 2012. 保存林木种质资源的有效方法及其意义[J]. 黑龙江科技信息, 16: 219.

左大勋, 柳鉴, 王希莱. 1984. 我国柿属植物的地理分布及利用[J]. 中国果树, 3: 27-34.

Akagi T, Kajita K, Kibe T, et al. 2014. Development of molecular markers associated with sexuality in *Diospyros lotus* L. and their application in *D. kaki* Thunb. [J]. Japan Soc. Hort. Sci, 83: 214-221.

Akagi T, Takeda Y, Yonemori K, et al. 2010. Quantitative genotyping for the astringency locus in hexaploid persimmon cultivars using quantitative real-time PCR[J]. J. Am. Soc. Hortic. Sci, 135: 59-66.

Akagi T, Tao R, Tsujimoto T, Kono A, et al. 2012. Fine genotyping of a highly polymorphic ASTRINGENCY-linked locus reveals variable hexasomic inheritance in persimmon（*Diospyros kaki* Thunb.）cultivars[J]. Tree Genet. Genomes, 8: 195-204.

Akhmedzhanova VI, Alkaloids IV. 1996. Structure, synthesis, and possible routes of biosynthesis[J]. Chem Nat Compd.（Engl Transl）, 32（2）: 187-189.

Chen X, Wu B, Zhang Z. 2016. Evaluation of adaptability and stability for important agronomic traits of oat（*Avena* spp.）germplasm resources[J]. Journal of Plant Genetic Resources, 17（4）: 577-585.

Choi Y A, Tao R, Yonemori K, et al. 2003. Physical mapping of 45S rDNA by fluorescent in situ hybridization in persimmon（*Diospyros kaki*）and its wild relatives[J]. The Journal of Horticultural Science and Biotechnology, 78（2）: 265-271.

Cortés V, Rodríguez A, Blasco J, et al. 2017. Prediction of the level of astringency in persimmon using visible and near-infrared spectroscopy[J]. Journal of Food Engineering, 204: 27-37.

Gao M, Sakamoto A, Miura K, et al. 2000. Transformation of Japanese persimmon（*Diospyros kaki* Thunb.）with a bacterial gene for choline oxidase[J]. Molecular Breeding, 6: 501-510.

Gao M, Tao R, Miura K, et al. 2001. Transformation of Japanese persimmon（*Diospyros kaki* Thunb.）with apple cDNA encoding NADP-dependent sorbitol-6- phosphate dehydrogenase[J]. Plant Science, 160: 837-845.

Ikeda I, Yamada M, Kurihara A. 1985. Inheritance of astringency in Japanese persimmon. Engei Gakkai Zasshi, 54（1）: 39-45.

Ikegami A, Eguchi S, Akagi T, et al. 2011. Development of molecular markers linked to the allele associated with the non-astringent trait of the Chinese persimmon（*Diospyros kaki* Thunb.）[J]. Japan Soc. Hort. Sci, 80. 150-155.

Ikegami A, Eguchi S, Yonemori K, et al. 2006. Segregations of astringent progenies in the F₁ populations derived from crosses between a Chinese pollination-constant nonastringent（PCNA）'Luotian-tianshi' and Japanese PCNA pollination-constant astringent（PCA）cultivars of Japanese origin[J]. HortScience, 41: 561-563.

Ikegami A, Yonemori K, Sugiura A, et al. 2004. Segregation of astringency in F₁ progenies derived from crosses between pollination-constant, nonastringent persimmon cultivars[J]. HortScience, 39: 371-374.

Kanzaki S, Akagi T, Masuko T, et al. 2010. SCAR markers for practical application of marker-assisted selection in persimmon（*Diospyros kaki* Thunb.）breeding[J]. Japan Soc. Hort. Sci, 79: 150-155.

Kanzaki S, Yamada M, Sato A, et al. 2009. Conversion of RFLP markers for the selection of pollination-constant and non-astringent typepersimmons (*Diospyros kaki* Thunb.) into PCR-based markers[J]. Japan Soc. Hort. Sci, 78: 68-73.

Kanzaki S, Yonemori K. 2007. Persimmon. In: Kole C (ed), Genome mapping and molecular breeding in plant[M]. Heidelberg Berlin: Springer-Verlag.

Nicholas K K, Han J, Shangguan L F, et al. 2012. Plant variety and cultivar identification: Advances and prospects[J]. Critical Reviews in Biotechnology, 33 (2): 111-125.

Pei X, Zhang Q L, Guo D Y, Luo Z R. 2013. Effectiveness of the RO2 marker for the identification of non-astringency trait in Chinese PCNA persimmon and its ossible segregation ratio in hybrid F1[J]. Sci. Hort, 150: 227-231.

Sugiura A, Ohkuma T, Choi Y A, et al. 2000. Production of nonaploid (2n = 9x) Japanese persimmons (*Diospyros kaki*) by pollination with unreduced (2n = 6x) pollen and embryo rescue culture. Journal of the American Society for Horticultural Science, 125 (5): 609-614.

Tao R, Dandekar A M, Uratsu S L, et al. 1997. Engineering genetic resistance against insects in Japanese persimmon using the crylA (c) gene of Bacillus thuringiensis[J]. Journal of the American Society for Horticultural Science, 122 (6): 764-771.

Tao R, Handa T, Tamura M, et al. 1994. Genetic transformation of Japanese persimmon (*Diospyros kaki* L) by Agrobacterium rhizogeneswild-type strain A4[J]. Journal of the Japanese Society for Horticultural Science, 63 (2): 283- 289.

Tao R, Yamada A, Esumi T, et al. 2003. Ploidy Variations Observed in the Progeny of Hex aploid Japanese Persimmon (*Diospyros kaki*) 'Fujiwaragosho' [J]. Horticultural research (Japan), 2 (3): 157-160.

Wang W Y, Wang K, Liu F Z, et al. 2012. An Efficient Identification of 68 Apple Cultivars Using a Cultivar Identification Diagram (CID) Strategy and RAPD Markers[J]. Korean Journal of Horticultural Science & Technology, 30 (5): 549-556.

Yonemori K, Sugiura A, Yamada M. 2000. Persimmon genetics and breeding[J]. Plant Breeding Reviews, 19: 191-225.

附录一
各树种重点调查区域

树种	重点调查区域	
	区域	具体区域
石榴	西北区	新疆叶城，陕西临潼
	华东区	山东枣庄，江苏徐州，安徽怀远、淮北
	华中区	河南开封、郑州、封丘
	西南区	四川会理、攀枝花，云南巧家、蒙自，西藏山南、林芝、昌都
樱桃		河南伏牛山，陕西秦岭，湖南湘西，湖北神农架，江西井冈山等；其次是皖南，桂西北，闽北等地
核桃	东部沿海区	辽东半岛的丹东、庄河、瓦房店、普兰店，辽西地区，河北卢龙、抚宁、昌黎、遵化、涞水、易县、阜平、平山、赞皇、邢台、武安，北京平谷、密云、昌平，天津蓟县、宝坻、武清、宁河，山东长清、泰安、章丘、苍山、费县、青州、临朐，河南济源、林州、登封、濮阳、辉县、柘城、罗山、商城，安徽亳州、涡阳、砀山、萧县，江苏徐州、连云港
	西北区	山西太行、吕梁、左权、昔阳、临汾、黎城、平顺、阳泉，陕西长安、户县、眉县、宝鸡、渭北、甘肃陇南、天水、宁县、镇原、武威、张掖、酒泉、武都、康县、徽县、文县，青海民和、循化、化隆、互助、贵德，宁夏固原、灵武、中卫、青铜峡
	新疆区	和田、叶城、库车、阿克苏、温宿、乌什、莎车、吐鲁番、伊宁、霍城、新源、新和
	华中华南区	湖北郧县、郧西、竹溪、兴山、秭归、恩施、建始，湖南龙山、桑植、张家界、吉首、麻阳、怀化、城步、通道，广西都安、忻城、河池、靖西、那坡、田林、隆林
	西南区	云南漾濞、永平、云龙、大姚、南华、楚雄、昌宁、宝山、施甸、昭通、永善、鲁甸、维西、临沧、凤庆、会泽、丽江，贵州毕节、大方、威宁、赫章、织金、六盘水、安顺、息烽、遵义、桐梓、兴仁、普安，四川巴塘、西昌、九龙、盐源、德昌、会理、米易、盐边、高县、筠连、叙永、古蔺、南坪、茂县、理县、马尔康、金川、丹巴、康定、泸定、峨边、马边、平武、安州、江油、青川、剑阁
	西藏区	林芝、米林、朗县、加查、仁布、吉隆、聂拉木、亚东、错那、墨脱、丁青、贡觉、八宿、左贡、芒康、察隅、波密
板栗	华北	北京怀柔，天津蓟县，河北遵化、承德，辽宁凤城，山东费县，河南平桥、桐柏、林州，江苏徐州
	长江中下游	湖北罗田、京山、大悟、宜昌，安徽岳西、广德，浙江缙云，江苏宜兴、吴中、南京
	西北	甘肃南部，陕西渭河以南，四川北部，湖北西部，河南西部
	东南	浙江、江西东南部，福建建瓯、长汀，广东广州，广西阳朔，湖南中部
	西南	云南寻甸、宜良，贵州兴义、毕节、台江，四川会理，广西西北部，湖南西部
	东北	辽宁，吉林省南部
山楂	北方区	河南林县、辉县、新乡，山东临朐、沂水、安丘、潍坊、泰安、莱芜、青州，河北唐山、沧州、保定，辽宁鞍山、丹东等地
	云贵高原区	云南昆明、江川、玉溪、通海、呈贡、昭通、曲靖、大理，广西田阳、田东、平果、百色，贵州毕节、大方、威宁、赫章、安顺、息烽、遵义、桐梓
柿	南方	广东五华、潮汕，福建安溪、永泰、仙游、人田、云霄、莆田、南安、龙海、漳浦、诏安，湖南祁阳
	华东	浙江杭州，江苏邳县，山东菏泽、益都、青岛
	北方	陕西富平、三原、临潼，河南荥阳、焦作、林州，河北赞皇，甘肃陇南，湖北罗田
枣	黄河中下游流域冲积土分布区	河北沧州、赞皇和阜平，河南新郑、内黄、灵宝，山东乐陵和庆云，陕西大荔，山西太谷、临猗和稷山，北京丰台和昌平，辽宁北票、建昌等
	黄土高原丘陵分布区	山西临县、柳林、石楼和永和，陕西佳县和延川
	西北干旱地带河谷丘陵分布区	甘肃敦煌、景泰，宁夏中卫、灵武，新疆喀什

树种	重点调查区域	
	区域	具体区域
李	东北区	黑龙江，吉林，辽宁，内蒙古东部
	华北区	河北，山东，山西，河南，北京，天津
	西北区	陕西，甘肃，青海，宁夏，新疆，内蒙古西部
	华东区	江苏，安徽，浙江，福建，台湾，上海
	华中区	湖北，湖南，江西
	华南区	广东，广西
	西南及西藏区	四川，贵州，云南，西藏
杏	华北温带区	北京，天津，河北，山东，山西，陕西，河南，江苏北部，安徽北部，辽宁南部，甘肃东南部
	西北干旱带区	新疆天山，伊犁河谷，甘肃秦岭西麓、子午岭、兴隆山区，宁夏贺兰山区，内蒙古大青山、乌拉山区
	东北寒带区	大兴安岭、小兴安岭和内蒙古与辽宁、吉林、华北各省交界的地区，黑龙江富锦、绥棱、齐齐哈尔
	热带亚热带区	江苏中部、南部，安徽南部，浙江，江西，湖北，湖南，广西
	西南高原区	西藏芒康、左贡、八宿、波密、加查、林芝，四川泸定、丹巴、汶川、茂县、西昌、米易、广元，贵州贵阳、惠水、盘州、开阳、黔西、毕节、赫章、金沙、桐梓、赤水，云南呈贡、昭通、曲靖、楚雄、建水、永善、祥云、蒙自
猕猴桃	重点资源省份	云南昭通、文山、红河、大理、怒江，广西龙胜、资源、全州、兴安、临桂、灌阳、三江、融水，江西武夷山、井冈山、幕阜山、庐山、石花尖、黄岗山、万龙山、麻姑山、武功山、三百山、军峰山、九岭山、官山、大茅山，湖北宜昌，陕西周至，甘肃武都，吉林延边
梨	辽西京郊地区	辽宁鞍山、海城、绥中、盘山，京郊大兴、怀柔、平谷、大厂
	云贵川地区	云南迪庆、丽江、红河、富源、昭通、思茅、大理、巍山、腾冲，贵州六盘水、河池、金沙、毕节、赫章、威宁、凯里，四川乐山、会理、盐源、昭觉、德昌、木里、阿坝、金川、小金、江油、汉源、攀枝花、达川、简阳
	新疆、西藏地区	库尔勒、喀什、和田、叶城、阿克苏、托克逊、林芝、日喀则、山南
	陕甘宁地区	延安、榆林、庆阳、张掖、酒泉、临夏、甘南、陇西、武威、固原、吴忠、西宁、民和、果洛
	广西地区	凭祥、百色、浦北、灌阳、灵川、博白、苍梧、来宾
桃	西北高旱区	新疆，陕西，甘肃，宁夏等地
	华北平原区	位于淮河、秦岭以北，包括北京、天津、河北大部、辽宁南部、山东、山西、河南大部、江苏和安徽北部
	长江流域区	江苏南部、浙江、上海、安徽南部、江西和湖南北部、湖北大部及成都平原、汉中盆地
	云贵高原区	云南、贵州和四川西南部
	青藏高原区	西藏、青海大部、四川西部
	东北高寒区	黑龙江海伦、绥棱、齐齐哈尔、哈尔滨，吉林通化和延边延吉、和龙、珲春一带
	华南亚热带区	福建、江西、湖南南部、广东、广西北部
苹果	东北区	辽宁铁岭、本溪，吉林公主岭、延边、通化，黑龙江东南部，内蒙古库伦、通辽、奈曼旗、宁城
	西北区	新疆伊犁、阿克苏、喀什，陕西铜川、白水、洛川，甘肃天水，青海循化、化隆、尖扎、贵德、民和、乐都，黄龙山区、秦岭山区
	渤海湾区	辽宁大连、普兰店、瓦房店、盖州、营口、葫芦岛、锦州，山东胶东半岛、临沂、潍坊、德州，河北张家口、承德、唐山，北京海淀、密云、昌平
	中部区	河南、江苏、安徽等省的黄河故道地区，秦岭北麓渭河两岸的河南西部、湖北西北部、山西南部
	西南高地区	四川阿坝、甘孜、风县、茂县、小金、理县、康定、巴塘，云南昭通、宣威、红河、文山，贵州威宁、毕节，西藏昌都、加查、朗县、米林、林芝、墨脱等地
葡萄	冷凉区	甘肃河西走廊中西部，晋北，内蒙古土默川平原，东北中北部及通化地区
	凉温区	河北桑洋河谷盆地，内蒙古西辽河平原，山西晋中、太谷，甘肃河西走廊、武威地区，辽宁沈阳、鞍山地区
	中温区	内蒙古乌海地区，甘肃敦煌地区，辽南、辽西及河北昌黎地区，山东青岛、烟台地区，山西清徐地区
	暖温区	新疆哈密盆地，关中盆地及晋南运城地区，河北中部和南部
	炎热区	新疆吐鲁番盆地、和田地区、伊犁地区、喀什地区，黄河故道地区
	湿热区	湖南怀化地区，福建福安地区

附录二
各省（自治区、直辖市）主要调查树种

区划	省（自治区、直辖市）	主要落叶果树树种
华北	北京	苹果、梨、葡萄、杏、枣、桃、柿、李
	天津	板栗、李、杏、核桃
	河北	苹果、梨、枣、桃、核桃、山楂、葡萄、李、柿、板栗、樱桃
	山西	苹果、梨、枣、杏、葡萄、山楂、核桃、李、柿
	内蒙古	苹果、枣、李、葡萄
东北	辽宁	苹果、山楂、葡萄、枣、李、桃
	吉林	苹果、板栗、李、猕猴桃、桃
	黑龙江	苹果、板栗、李、桃
华东	上海	桃、李、樱桃
	江苏	桃、李、樱桃、梨、杏、枣、石榴、柿、板栗
	浙江	柿、梨、桃、枣、李、板栗
	安徽	梨、桃、石榴、樱桃、李、柿、板栗
	福建	葡萄、樱桃、李、柿子、桃、板栗
	江西	柿、梨、桃、李、猕猴桃、杏、板栗、樱桃
	山东	苹果、杏、梨、葡萄、枣、石榴、山楂、李、桃、板栗
华中	河南	枣、柿、梨、杏、葡萄、桃、板栗、核桃、山楂、樱桃、李
	湖北	樱桃、柿、李、猕猴桃、杏树、桃、板栗
	湖南	柿、樱桃、李、猕猴桃、桃、板栗
华南	广东	柿、李、杏、猕猴桃
	广西	樱桃、李、杏、猕猴桃
西南	重庆	梨、苹果、猕猴桃、石榴、板栗
	四川	梨、苹果、猕猴桃、石榴、桃、板栗、樱桃
	贵州	李、杏、猕猴桃、桃、板栗
	云南	石榴、李、杏、猕猴桃、桃、板栗
	西藏	苹果、桃、李、杏、猕猴桃、石榴
西北	陕西	苹果、杏、枣、梨、柿、石榴、桃、葡萄、樱桃、李、板栗
	甘肃	苹果、梨、桃、葡萄、枣、杏、柿、李、板栗
	青海	苹果、梨、核桃、桃、杏、枣
	宁夏	苹果、梨、枣、杏、葡萄、李、板栗
	新疆	葡萄、核桃、梨、桃、杏、石榴、李

附录三
工作路线

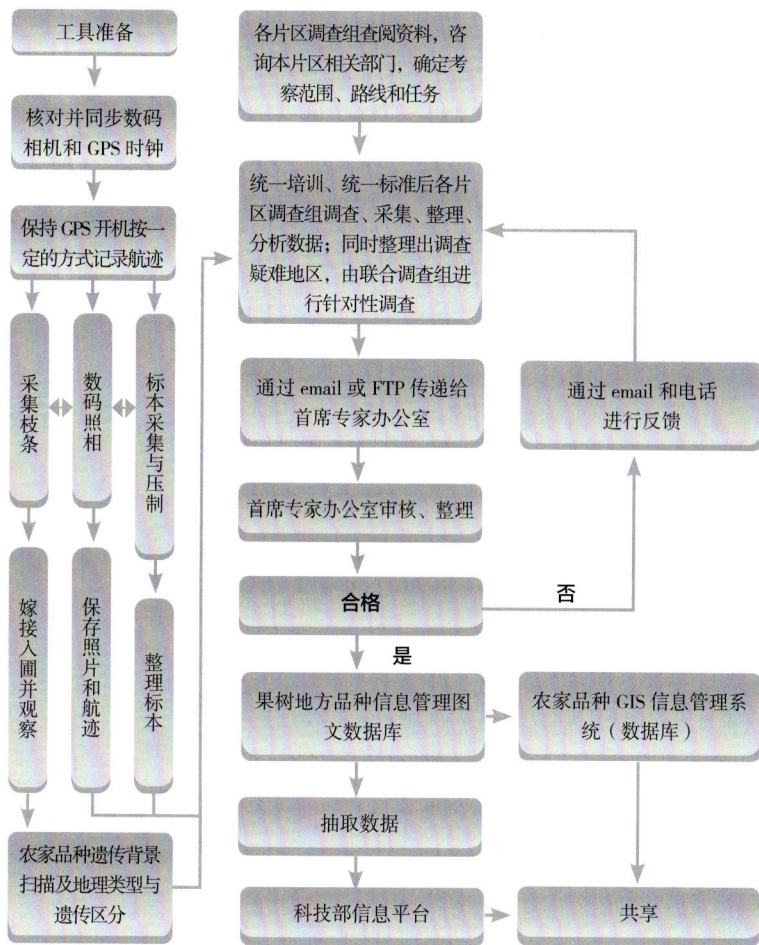

工具准备

↓

核对并同步数码相机和 GPS 时钟

↓

保持 GPS 开机按一定的方式记录航迹

↓

采集枝条 ⟷ 数码照相 ⟷ 标本采集与压制

↓ ↓ ↓

嫁接入圃并观察 | 保存照片和航迹 | 整理标本

↓

农家品种遗传背景扫描及地理类型与遗传区分

各片区调查组查阅资料，咨询本片区相关部门，确定考察范围、路线和任务

↓

统一培训、统一标准后各片区调查组调查、采集、整理、分析数据；同时整理出调查疑难地区，由联合调查组进行针对性调查

↓

通过 email 或 FTP 传递给首席专家办公室 ← 通过 email 和电话进行反馈

↓

首席专家办公室审核、整理

↓

合格 —— 否

是 ↓

果树地方品种信息管理图文数据库 → 农家品种 GIS 信息管理系统（数据库）

↓

抽取数据

↓

科技部信息平台 | 共享

附录四
工作流程

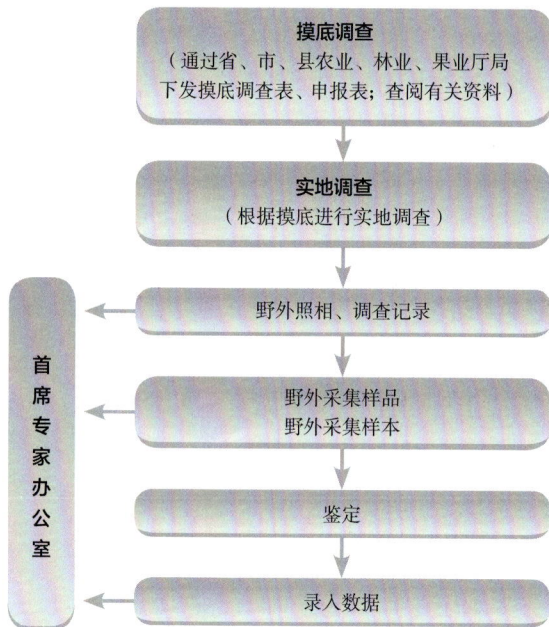

摸底调查
（通过省、市、县农业、林业、果业厅局下发摸底调查表、申报表；查阅有关资料）

↓

实地调查
（根据摸底进行实地调查）

↓

野外照相、调查记录

↓

野外采集样品
野外采集样本

↓

鉴定

↓

录入数据

首席专家办公室

柿品种中文名索引

柿品种调查编号索引